FORSCHUNGSBERICHTE DES LANDES NORDRHEIN-WESTFALEN

Nr. 1875

Herausgegeben im Auftrage des Ministerpräsidenten Heinz Kühn
von Staatssekretär Professor Dr. h. c. Dr. E. h. Leo Brandt

DK 674.815
674.816.3:674.048

Dr. rer. nat. Günther Stegmann

Dr. phil. Paul Schorning

Obering. Wolfgang Kratz

Wilhelm-Klauditz-Institut für Holzforschung an der Technischen Hochschule Braunschweig

Untersuchungen über die Herstellbarkeit und Eigenschaften hochkunstharzhaltiger Holzspanwerkstoffe

SPRINGER FACHMEDIEN WIESBADEN GMBH

ISBN 978-3-663-06555-5 ISBN 978-3-663-07468-7 (eBook)
DOI 10.1007/978-3-663-07468-7

Verlags-Nr. 011875

Ursprünglich erschienen bei Westdeutscher Verlag, Koln und Opladen 1967

Inhalt

1. Einleitung – Übersicht über Verwendungsgebiete von Spanplatten – Aufgabenstellung

Durch die erhebliche Zunahme der Holzspanplatten-Produktion und des Verbrauchs (Abb. 1) innerhalb der Bundesrepublik in den letzten 5 Jahren, die mit einer Steigerung der Erzeugung um rd. 100% von 1961 bis 1966 verbünden war, und durch die sich daraus entwickelnde Ausweitung der Anwendungsgebiete, wird der Erzeugung von Plattentypen für spezielle Einsatzgebiete in Zukunft besondere Bedeutung zukommen [25]. Schon jetzt ist neben dem Hauptverwendungsgebiet im Möbelbau, auf den derzeit immer noch rd. 52% der Produktion entfallen, eine steigende Verwendung von Spanplatten für den Haus-Innenausbau, Fertighaus- und Industriebau, Fahrzeugbau einschließlich Schiffs-Innenausbau und das landwirtschaftliche Bauwesen festzustellen (Tab. 1). Besondere Beachtung ist dabei der Entwicklung von Platten für die verschiedenen Zwecke im Bauwesen zu schenken.

Die Bedeutung der Holzspanplatten für spezielle, neue Anwendungsgebiete wird u. a. auch durch Ausarbeitung der Normblätter DIN 68761 Blatt 1 (vom Juni 1961), Blatt 2 (vom Februar 1963) und Blatt 3 (erscheint Frühjahr 1967) erkennbar. In DIN 68761 Blatt 3 wird erstmalig für Holzspanplatten im Rahmen von Gütebedingungen die Verleimungsart nach den verwendeten Kunstharzbindemitteln unterschieden. Wenn auch diese Klassifizierung allein nach Verleimungsarten (Bindemitteltypen) noch unzureichend erscheint, so werden dadurch immerhin die besonderen Anforderungen an Platten für die dort genannten Bereiche gekennzeichnet. Alle Spanplatten, die über den konventionellen Rahmen der bisherigen Verwendungsgebiete hinaus eingesetzt werden sollen, unterliegen einerseits einer erhöhten Beanspruchung durch umgebende, wechselnde klimatische Bedingungen, die ihrerseits die Dauerfestigkeit der Platten erheblich beeinträchtigen können, andererseits speziellen Festigkeitsanforderungen. Somit werden Entwicklungsarbeiten an Spanplatten für die verschiedenen Zwecke im Bauwesen in erster Linie eine Verbesserung des hygroskopischen Verhaltens dieser Platten anstreben müssen

Tab. 1 Holzspanplattenverbrauch einiger europäischer Staaten, gegliedert nach Anwendungsbereichen (in %)

	Deutschland (BRD)		Frankreich		Österreich		Norwegen		Finnland	
	1961	1965	1961	1965	1961	1965	1961	1965	1961	1965
Möbelindustrie	55	52	40	44	75	71	20	23	17	20
Bauindustrie Neubau, Umbau, Fertighausbau (mit Einbaumöbel)	33	37	48	47	20	21	70	70	76	70
Fahrzeugbau einschl. Schiffsbau, Waggonbau	7	4	8	3	3	1	3	4	5	5
Landwirtschaftlicher Bau	4	3	2	1,5	–	3	–	–	–	1
Verschiedenes Do it yourself, Verpackung	1	4	2	4,5	2	4	7	3	2	4

[20, 24]. Erschwerend hierbei wirkt jedoch das Fehlen ausreichender Erfahrungen über das Verhalten von Spanplatten bei Einwirkung veränderlichen Klimas, zumal ausreichende Prüfvorschriften noch nicht vorhanden sind.
Mit der zunehmenden Preiswürdigkeit von Kunstharzen bietet sich nun die Möglichkeit an, Holzwerkstoffe mit höherem als dem bisher üblichen Gehalt von 8–10% an Kunstharzbindemitteln bzw. Kunststoffen[1] wirtschaftlich zu erzeugen, allerdings unter der Voraussetzung, daß die erhöhten Rohstoffaufwendungen durch die erzielten verbesserten Platteneigenschaften gerechtfertigt werden.
Darüber hinaus wird es aber auch notwendig sein, diese Platten mit höherem Kunstharzgehalt im Rahmen der vorliegenden Arbeit in bezug auf Festigkeitsausbildung und -verhalten eingehend zu charakterisieren, um damit Unterlagen über diese speziellen Plattentypen zu vermitteln, die dann als Grundlage für technische Entwicklungen dienen können.
Aus früheren Arbeiten geht hervor, daß bei Erhöhung des Kunstharzbindemittelgehaltes von allgemein 8–9% Festharz bis auf 14–16% eine Steigerung der Plattenqualität hinsichtlich der Festigkeitseigenschaften sowie auch des hygroskopischen Verhaltens erzielt werden kann [6, 7, 8, 27].
Diese Untersuchungen beschränkten sich jedoch auf Harnstoff–Formaldehyd-Kunstharzbindemittel und allgemeine technologische Kennzahlen. Ebenso liegen einige Untersuchungsergebnisse von Versuchsarbeiten vor, bei denen die Späne oder die fertigen Platten mit einem Kunstharz durch Imprägnierung behandelt wurden, um so eine Verbesserung der Platteneigenschaften zu erreichen [10, 15].
Unter Berücksichtigung der voran dargestellten Probleme und bisherigen Erkenntnisse wurden im Rahmen des vorliegenden Themas grundlegende Untersuchungen über die Herstellbarkeit und Eigenschaften von hochkunstharzhaltigen Holzspanwerkstoffen sowohl durch Imprägnieren von Spänen und Platten als auch durch Erhöhung des Kunstharzbindemittelaufwandes durchgeführt, um unsere Kenntnisse über die Herstellbarkeit und Eigenschaften dieser speziellen Holzwerkstoffe zu erweitern.

2. Herstellung von hochkunstharzhaltigen Spanplatten durch Imprägnierung von Spänen und Platten mit Kunstharzen und Kennzeichnung ihrer Eigenschaften

Die Methode der Imprägnierung von Spänen und fertigen Spanplatten mit härtbaren Kunstharzen basiert auf der Anlagerung des Imprägniermittels auf den Spanoberflächen bzw. dessen Einlagerung in das Plattengefüge. Unter der Voraussetzung, daß niedrig kondensierte Kunstharzlösungen mit sehr geringen Molekülgrößen verwendet werden, besteht zusätzlich die Möglichkeit der teilweisen Imprägnierung der Holzzellen. Stellt man jedoch die sehr große sogenannte innere Holzoberfläche mit in Rechnung, so wird die Menge des benötigten Imprägnierungsmittels recht groß werden, so daß die Wirtschaftlichkeit dieser den Feinbau des Holzes mit einbeziehenden Imprägnierung, falls sie überhaupt durchführbar ist, sehr in Frage gestellt wird und infolgedessen derzeit keine derartig vergüteten Spanplattenprodukte herzustellen sind.

[1] In der vorliegenden Arbeit werden ausschließlich mehr oder weniger konventionelle *Kunstharz*bindemittel mit Zusätzen oberhalb von 10% herangezogen; der Einsatz von *Kunststoffen* bzw. Kunststoff liefernden Monomeren bleibt einer späteren Untersuchung vorbehalten.

Um eine Vorstellung von der Größenordnung der zu beleimenden bzw. zu imprägnierenden Spanoberfläche zu bekommen, sei darauf hingewiesen, daß beispielsweise 1 m^3 Spanplatte der Rohdichte 0,6 g/cm^3 aus dünnen flächigen Fichtenholzspänen der Abmessungen $20 \times 4 \times 0{,}2$ mm eine Oberfläche von rd. 12000 m^2 besitzt [9]. Für den Fall einer Imprägnierung der Holzsubstanz selbst ergibt sich für die zu behandelnde innere Oberfläche des Holzes eines m^3 Spanplatte des vorgenannten Typs eine Fläche von rd. 200000 m^2 [14]. Diese Zahlen machen deutlich, daß man sich darauf beschränken muß, lediglich die Spanoberfläche zu imprägnieren, um im wirtschaftlichen Rahmen zu bleiben. Daher erstrecken sich die vorliegenden Untersuchungen bezüglich der Imprägnierung von Spänen und fertigen Platten im wesentlichen auf die Anlagerung des Tränkharzes auf den Spanoberflächen.

2.1 Imprägnierung von Holzspänen vor der Plattenherstellung

Bei der Vorbehandlung von Spänen bestehen drei Möglichkeiten, das Vergütungskunstharz auf den Spänen gleichmäßig zu verteilen:

a) Aufsprühen von Kunstharz auf die Späne,
b) Tauchtränkung der Späne in Kunstharzlösung,
c) Vakuum-Imprägnierung, bei der in einen mit Spänen gefüllten und evakuierten Kessel die Kunstharzlösung eingelassen wird.

2.11 Aufsprühen von Kunstharz auf Späne

In früheren Versuchsarbeiten im Institut wurde bei der Anwendung der Aufsprühmethode das Imprägnierharz in wäßriger Lösung auf feuchte Späne aufgesprüht. Dabei ging man von der Voraussetzung aus, daß durch die hohe Spanfeuchtigkeit (ca. 70%) eine Vergleichmäßigung des Harzauftrages (ca. 5% Phenolharz in 30%iger Lösung) auf den Spanoberflächen und eine Teilimprägnierung der Holzzellen in den Oberflächenbereichen der Späne durch Diffusion erfolgt. Diese Versuche führten jedoch zu keinen befriedigenden Ergebnissen [28].

Bei den vorliegenden Arbeiten wurden im Gegensatz zu den vorgenannten Versuchen, bei denen das Imprägnierharz sowie das Bindemittel aus wasserlöslichem Phenol-Formaldehyd-Kunstharz bestand, verschiedene, in organischen Lösungsmitteln lösliche, Kunstharztypen verwendet: Für einen Teil der Imprägnierversuche wurde Cumaron-Indenharz B1/75-A zusammen mit Bitumen in Tetrachlorkohlenstoff gelöst und auf Kiefernholzspäne mit einem Feuchtigkeitsgehalt von ca. 5% aufgesprüht. Bei weiteren Versuchen wurde Phenolharz in Alkohol gelöst und ebenfalls auf Kiefernholzspäne aufgesprüht. Nach anschließender Trocknung, d. h. Abdunstung des Lösungsmittels besaßen die Späne bei einem Feuchtigkeitsgehalt von 4% die in Tab. 2 angegebenen (aufgesprühten) Festharzmengen. Darauf wurden diese Späne normal mit 8 g Bindemittel-Festharz (Harnstoff-Formaldehyd-Kunstharz) je 100 g atro Späne beleimt. Die für die weitere Herstellung der Versuchsplatten notwendigen Angaben lauten wie folgt:

Ausgangsmaterial:	dünne flächige Kiefernholzspäne $l \sim 20$, $b \sim 4$, $d \sim 0{,}2$ mm
Plattenformat:	$400 \times 400 \times 16$ mm
Rohdichte:	0,55 g/cm^3
Plattentyp:	einschichtig
Spanfeuchtigkeit nach Beleimung:	12%
Heizplattentemperatur:	160°C
Preßzeit:	6 min (einschl. 45 sec Schließzeit)

Tab. 2 Eigenschaften von einschichtigen Labor-Spanplatten (Kiefernholz) mit erhöhtem Kunstharzgehalt (durch Kunstharzbesprühung von Spänen vor der Beleimung) im Vergleich zu Normalplatten

Plattentyp	Imprägniermittel	Lösungsmittel	Feststoffgehalt der Lösung	Aufgesprühte Festharzmenge bezogen auf atro Spangut	Gesamt-Kunstharzgehalt	Dickenquellung nach 24 Std. Wasserlagerung	Querzugfestigkeit
Nr.	Bezeichnung	Bezeichnung	%	%	%	%	kp/cm²
101	Vergleichsplatten, Späne unbehandelt				7,2	11,0	5,5
102	Cumaron-Indenharz + Bitumen	Tetrachlorkohlenstoff	38	9,0	16,2	7,2	5,5
103	Cumaron-Indenharz + Bitumen	Tetrachlorkohlenstoff	43	15,0	22,2	5,3	5,8
104	Bakelite-Harz + 5% Hexamethylentetramin	Alkohol	29	9,0	16,2	7,4	6,9
105	Bakelite-Harz + 5% Hexamethylentetramin	Alkohol	33	15,0	22,2	5,2	10,9

Platten-Kenndaten:

r_u = 0,55 g/cm³, d = 16 mm, Größe 40×40 cm
Bindemitteltyp = Harnstoff–Formaldehyd-Kunstharz (K 385)
Bindemittelgehalt = 7,2% Festharz

Die genauen Angaben über die Imprägnierharzzusammensetzungen und aufgewendeten Mengen für 4 Plattentypen sind in Tab. 2 zusammengestellt. Daraus ergibt sich, daß die angewendeten Imprägnierharze in Abhängigkeit von der aufgewendeten Menge nicht nur die hygroskopischen Eigenschaften, sondern auch die Festigkeitseigenschaften der Platten in günstiger Weise beeinflussen. Die Dickenquellung zeigt beachtlich niedrige Werte; allerdings ist der notwendige Imprägnierharz-Aufwand bei diesen hochkunstharzhaltigen Platten (7,2% Bindemittelfestharzgehalt + 15% Imprägnierfestharz) recht hoch.

2.12 Tauchtränkung der Späne in Kunstharzlösung

Versuche, bei denen die Späne durch Eintauchen in 5%igen wäßrigen Kunstharzlösungen (Phenol–Formaldehyd-Kunstharz »Bakelite 2450«) 48 Stunden lang verblieben, ergaben eine Tränkharzaufnahme von rd. 15% (Festharz). Nach anschließender Trocknung bei 45°C im Umlufttrockenschrank auf 4% Spanfeuchtigkeit wurden die Späne wie üblich mit 8 g Bindemittelfestharz je 100 g atro Späne beleimt. Als Bindemittel diente ebenfalls der Phenol–Formaldehyd-Kunstharzleim »Bakelite 2450«. Für die Herstellungsdaten der Platten mit einer Rohdichte von 0,68 g/cm³ gelten bei einer Heizzeit von 8 min sinngemäß die unter 2.11 gemachten Angaben.

Die anschließende Eigenschaftsprüfung ergab, daß bei dieser Tauchtränkung kaum eine Festigkeitssteigerung bzw. Quellungsvergütung eintrat. Die Unterschiede der Biegefestigkeit (Mittelwert 345 kp/cm²) und der Dickenquellung (Mittelwert 12,5%) lagen im Bereich der normalen Schwankungsbreite nicht vergüteter Spanplatten.

2.13 Vakuum-Imprägnierung der Späne mit Kunstharzlösungen

Im Gegensatz zur Tauchtränkung ist der Imprägniereffekt bei der Vakuum-Imprägnierung deutlich erkennbar. Schon bei Imprägniermengen von 2 bis 4% Kunstharz tritt eine positive Beeinflussung des hygroskopischen und des Festigkeitsverhaltens der Platten ein. Nachdem bereits früher über derartige Versuche berichtet wurde [10], soll hier nur darauf verwiesen werden, daß z. B. Platten aus Buchenholz (Plattenrohdichte um 0,70 g/cm³) aus vakuum-imprägnierten Spänen mit 3,5% Imprägnier-Kunstharzgehalt und mit einem Bindemittelgehalt (Phenolkunstharz) von 8,5% eine Biegefestigkeit von 320 kp/cm² und eine Dickenquellung von 6% besitzen. Die Wirksamkeit der Imprägnierung geht auch besonders daraus hervor, daß derartige Platten nach 5maliger Wechsellagerung (24 Stdn. Wasserlagerung/Rücktrocknung auf Normklimaausgleichsfeuchte) noch eine Naß-Biegefestigkeit von ca. 70% der Anfangsfestigkeit besaßen, die Festigkeit in wiedertrockenem Zustand lag bei 85%. Auch die Quellungsminderung nach der 5maligen Wechsellagerung war beachtlich. Die Dickenquellung in feuchtem und wiedertrockenem Zustand lag bei 8 bzw. 6%.
Hierzu durchgeführte weitere Versuche erstreckten sich auch auf die Auswirkung einer geeigneten Vortrocknung der Späne bzw. Aushärtung des Tränkharzes bei mittlerer (45°C) bzw. höherer (130°C) Temperatur auf die Eigenschaftswerte der Versuchsplatten (vgl. Tab. 3). Für diese Versuche wurden Buchenholzspäne ($u = 4{,}5\%$) einer Vakuum-Imprägnierung mit einer 5,0%igen Imprägnierharzlösung unterzogen. Verwendet wurde ein mit Wasser verdünnbares Phenol–Formaldehyd-Kunstharz (»Bakelite 2450«); der Vakuum-Unterdruck betrug vor der Zugabe des Imprägnierharzes 0,7 kp/cm². Der Feuchtigkeitsgehalt der behandelten Späne betrug nach Tränkung und Abtropfenlassen etwa 125%. Die anschließend vorgenommene Imprägnierharzbestimmung ergab 3,9% Festharz bezogen auf atro Spanmaterial.

Tab. 3 Eigenschaften von einschichtigen Labor-Spanplatten (aus Buchenholzspänen) mit erhöhtem Kunstharzgehalt durch Vakuum-Imprägnierung der Späne
(Kunstharzhärtung bei 45 bzw. 130°C)

Plattentyp Nr. 128 und 129		Späne nach Vakuum-Imprägnierung	
		bei 45°C getrocknet	bei 130°C getrocknet
Plattendicke	(mm)	20	20
Rohdichte	(g/cm³)	0,75	0,76
Biegefestigkeit	(kp/cm²)	400	360
Dickenquellung 24 Std.	(%)	6,2	3,6
Dickenquellung 48 Std.	(%)	7,0	6,2
Wasseraufnahme 24 Std.	(%)	48	41
Wasseraufnahme 48 Std.	(%)	51	53

Herstellungsangaben:
Vakuum-Imprägnierung der Späne: 3,9% Phenol–Formaldehyd-Tränkharzgehalt
Bindemittelgehalt: 9,1% Phenol–Formaldehyd-Kunstharz
Heizplattentemperatur: 160°C; Preßzeit: 12 min

Zur Feststellung des Einflusses der Trockentemperatur auf die Platteneigenschaften sollte ermittelt werden, ob Holzspanplatten aus Spänen, deren Imprägnierharz bei der Trocknung nicht ausgehärtet wird, bessere Eigenschaftswerte aufweisen als Plattten aus Spänen, deren Imprägnierharz bei der Trocknung ausgehärtet wird.
Dazu wurde ein Teil der vorgenannten Späne bei 45°C, der andere Teil bei 130°C jeweils bis auf einen Feuchtigkeitsgehalt von 3 bis 4% getrocknet. Die unterschiedlich getrockneten Späne wurden anschließend mit einem Bindemittelaufwand von 10 g Phenol–Formaldehyd-Festharz je 100 g atro Späne beleimt und dann zu einschichtigen Holzspanplatten mit einer Rohdichte von 0,75 g/cm³ und einer Dicke von 20 mm verpreßt. Die bei den vergleichenden Untersuchungen ermittelten Eigenschaftswerte sind in Tab. 3 zusammengestellt; danach sinkt bei der höheren Trockentemperatur die Biegefestigkeit geringfügig ab, während die Dickenquellung eine Verbesserung von ca. 40% aufweist. Zusammenfassend ist aus den Feststellungen zu 2.12 und 2.13 zu ersehen, daß diese Methoden zur Herstellung hochkunstharzhaltiger Platten trotz der teilweise guten Ergebnisse einen zusätzlichen technischen Aufwand erfordern, der die Wirtschaftlichkeit der Verfahren in Frage stellt. Im besonderen trifft dies zu für die notwendigen Maßnahmen bei der Tauchtränkung und bei der Rücktrocknung der Späne nach der Imprägnierung.
Diese Ergebnisse führten zu Versuchen um festzustellen, ob eine nachträgliche Imprägnierung von fertigen Platten mit geeigneten Imprägnierharzen zu besseren wirtschaftlichen Verhältnissen führt.

2.2 Imprägnierung fertiger Versuchs-Spanplatten durch Phenol–Formaldehyd-Tränkharze

Die Behandlung fertiger Holzspanplatten durch eine nachträgliche Tränkung bzw. Imprägnierung mit geeigneten Kunstharzlösungen zur Erhöhung des Kunstharzgehaltes könnte wirtschaftliche Vorteile bieten, da das normale Herstellungsverfahren für Holzspanplatten nicht verändert, sondern lediglich erweitert werden müßte. Die zeitliche und örtliche Unabhängigkeit dieses Vergütungsverfahrens von der Plattenfertigung läßt diese Methode interessant erscheinen.
Im Prinzip besteht das Vergütungsverfahren darin, daß in fertige Platten geeignete Kunstharze mittels organischer Lösungsmittel durch Tauchen oder Tränken bei Anwendung von Vakuum und/oder Druck eingebracht werden. Für eine derartige Behandlung erscheinen Holzspanplatten a priori auf Grund ihrer in Abhängigkeit von der Plattenrohdichte und Holzart mehr oder weniger ausgeprägten porigen Struktur sehr geeignet. Dabei wird angestrebt, wasserabweisende und feuchtigkeitsabschließende Kunstharzschichten auf den noch zugänglichen Oberflächen der miteinander verleimten Späne auszubilden und möglichst eine Imprägnierung des gesamten Spangefüges der Platte, gegebenenfalls auch der Holzzellwände der Außenzonen der Späne, zu erreichen, um dadurch eine teilweise Erniedrigung der Hydratationsfähigkeit des Holzes zu erzielen.

Für die Imprägnierung fertiger Platten bieten sich zwei Möglichkeiten an:

a) Teilimprägnierung; hierbei wird nur ein Teil des Gesamtvolumens der Platten unter Bevorzugung der Außenschichten einschließlich der Kanten mit Kunstharz angereichert.
b) Vollimprägnierung; hierbei soll die Platte über den gesamten Querschnitt möglichst gleichmäßig mit Kunstharz imprägniert werden.

Das unter b) genannte Verfahren erscheint insofern aussichtsreicher, da durch die Vollimprägnierung über den gesamten Querschnitt bei nachträglichen Trennschnitten die dabei entstehenden Kantenflächen von vornherein mitbehandelt und darüber hinaus die Innenzonen in die Imprägnierung einbezogen sind.
Wesentlich ist beim Imprägnierverfahren für fertige Spanplatten die Verwendung von Imprägnierharzen, die unter Anwendung von nicht bzw. wenig quellend wirkenden Lösungsmitteln, z. B. Alkohol verarbeitet werden, um eine Quellung der Platten bei der Behandlung weitgehend zu vermeiden. Die Verwendung derartiger Lösungsmittel bedingt andererseits eine Rückgewinnung derselben bei der anschließenden Trocknung und Aushärtung der Platten.
Die Vollimprägnierung fertiger Platten kann entweder durch Tauchen bzw. Tränken, oder beschleunigt durch Anwendung von Vakuum und/oder Druck während des Imprägniervorganges erzielt werden; die im Rahmen der vorliegenden Arbeit durchgeführten Untersuchungen beziehen sich auf beide Möglichkeiten.

2.21 *Allgemeine Gesichtspunkte zum Tauchtränkverfahren von Spanplatten*

Beim Tauchtränkverfahren erfolgt die Einbringung der Imprägniermittellösung durch einfaches Einlagern der Platten in die Tränkharzlösung für eine bestimmte Zeit. Es ist anzunehmen, daß dabei der Porenraum der Platten von der Tränkmittellösung erfüllt wird, ohne jedoch in den Feinbau des Holzes einzudringen. In Abhängigkeit von der Tränkdauer und der Plattenrohdichte kann ein unterschiedlicher Grad der Imprägnierung erzielt werden. Dabei ist, auch bei verhältnismäßig langen Tränkzeiten, mit der Ausbildung kleiner, nicht voll imprägnierter Fehlstellen innerhalb des Plattengefüges zu rechnen; diese werden durch Lufteinschluß im Porenvolumen der Platten hervorgerufen.

2.22 *Allgemeine Gesichtspunkte zum Vakuum-Tränkverfahren von Spanplatten*

Beim Vakuum-Tränkverfahren wird das Eindringen der Imprägniermittellösungen durch Druckunterschiede unterstützt. Die Platten werden vor der Behandlung mit Imprägniermitteln in geeigneten Behältern evakuiert, wodurch die im Porenvolumen befindliche Luft weitgehend entfernt wird. Nach Zulassen der Imprägnierlösungen stellt man im Behälter den Normaldruck wieder her und beläßt die Platten für bestimmte Zeit in der Lösung.
Durch die Vakuumanwendung werden Fehlstellen weitgehend vermieden; zusätzlich zum Porenraum der Platte unterliegt wenigstens zum Teil der Porenraum des Holzes an den noch zugänglichen Außenzonen der Späne der Mitimprägnierung.

2.23 *Labormäßige Herstellung der für die Imprägnierung vorgesehenen Spanplatten*

Zunächst wurden für die Untersuchungen einschichtige Platten aus Kiefernholzspänen entsprechend den unter 2.11 genannten Herstellungsdaten verwendet. Da jedoch naturgemäß für diese Verfahren Platten niedriger Rohdichte um 0,55 g/cm^3 mit ihrem relativ großen Platten-Porenvolumen geeigneter sind, wurden bei der weiteren Versuchsdurchführung auch solche aus Buchenholzspänen hergestellt und verwendet, da Spanplatten aus Buchenholz des genannten Rohdichtebereiches ein noch größeres Porenvolumen besitzen. Die sonstigen Herstellungsdaten entsprachen wieder denjenigen wie unter 2.11 angegeben. Als Bindemittel wurden jeweils 10 g Harnstoff-Formaldehyd-Kunstharz (Festharz, Harnstoffharzleim K 385 der BASF) je 100 g atro Holz aufgewendet.

2.231 Durchführung der Tauch- und Vakuum-Imprägnierung – Vergleich der erzielten Platteneigenschaften

Um das Aufnahmevermögen der Spanplatten an Imprägnierharz bei Tauchtränkung und Vakuumtränkung in Abhängigkeit vom Festharzgehalt der Imprägnierlösungen zu charakterisieren, wurden Versuche durchgeführt, bei denen Kiefernholz-Plattenproben (Plattenrohdichte 0,55 g/cm³) nach beiden Verfahren in 6,5%iger, 13%iger und 26%iger Phenolharzlösung imprägniert wurden. Verwendet wurde das Bakelite-Harz 206 der Firma Bakelite, als Lösungsmittel kam Aceton zur Anwendung. Bezogen auf den Festharzgehalt wurden den Lösungen jeweils 10% Hexamethylentetramin als Härter zugegeben.

Die *Tauchtränkung* erfolgte durch 2stündiges Einlegen der Proben in die Imprägnierharzlösung. Bei der *Vakuumtränkung* wurden die Proben zunächst 15 min mit Unterdruck von 0,3 atu bzw. 0,7 atu evakuiert. Dann wurde die Harzlösung zugesetzt und nach Einstellen des normalen atmosphärischen Druckes noch 2 Std. in der Harzlösung belassen. Anschließend wurden sämtliche Proben bei 130° C getrocknet. Die Versuche bestätigen die unter 2.21 und 2.22 dargestellten Unterschiede in der Tränkharzaufnahme, die in Abb. 2 wiedergegeben sind.

Die Wechselbeziehungen zwischen Tränkharzgehalt und Dickenquellung der imprägnierten Platten weist Abb. 3 aus; entsprechende Verhältnisse liegen auch bei der Wasseraufnahme vor. Weiterhin ist eine Festigkeitssteigerung durch die Imprägnierung festzustellen. So wird z. B. durch die Vakuum-Imprägnierung bei 0,7 atu mit einer 13%igen Tränkharzlösung die Querzugfestigkeit von 4,1 kp/cm² unbehandelter Proben auf 5,3 kp/cm² durch die Einlagerung von ca. 12% Imprägnierharz heraufgesetzt. Entsprechend ist eine Tendenz zur Verbesserung der Naßfestigkeit nach 24stündiger Wasserlagerung festzustellen; hier beträgt die Querzugfestigkeit der unbehandelten Proben nur 2,6 kp/cm² gegenüber 3,0 kp/cm² der imprägnierten Proben.

Diese an Platten mit einer Rohdichte von 0,55 g/cm³ aus Kiefernholzspänen durchgeführten Versuche wurden ergänzt durch Tauch- und Vakuum-Imprägnierung von schwereren Platten aus Kiefern- und Buchenholzspänen (Rohdichte 0,75 g/cm³). Aus den in Tab. 4 zusammengestellten Ergebnissen ist auch hier die Überlegenheit der Vakuum-Imprägnierung deutlich zu erkennen; dies gilt insbesondere für die Dickenquellung bei Plattentyp 109, bei dem das Tränkharz nach der Imprägnierung bei 130° C ausgehärtet war. Bei der Beurteilung der Quellwerte muß jedoch die unterschiedliche Holzart der Platten sowie auch der unterschiedliche Bindemittelgehalt bei den Platten aus Kiefern- und Buchenholz berücksichtigt werden (vgl. Plattentypen 107 und 110).

2.232 Einfluß von Lösungsmitteln und Härtung sowie Lösungsmittelrückgewinnung

Bei weiteren Untersuchungen an Buchenholz-Spanplatten (Rohdichtebereich 0,55 g/cm³) wurde an Stelle des Acetons als *Lösungsmittel* 95%iger Alkohol verwendet und festgestellt, daß z. B. bei der Tauchtränkung in 13%iger Lösung die Menge des aufgenommenen Tränkharzes bei beiden Lösungsmitteln nahezu gleich ist (7,6 bzw. 8,0%).

Bei der Anwendung von Alkohol als Lösungsmittel ist dessen quellende Wirkung auf Spanplatten zu berücksichtigen. Die Tränkung bewirkt eine Dickenquellung von ca. 5%, nach der Rücktrocknung verbleiben ca. 3% Restquellung. Diese Restquellung ist bei der Beurteilung des Vergütungseffektes bezüglich der Dickenquellung zu berücksichtigen.

Die Dickenquellung (24 Stunden Wasserlagerung) solcher Platten, bezogen auf den zurückgetrockneten Zustand, nach Tränkung beträgt 8%. Demgegenüber ergab sich

Tab. 4 Eigenschaften von einschichtigen Labor-Spanplatten mit erhöhtem Kunstharzgehalt
(durch Tauch- bzw. Vakuum-Imprägnierung) im Vergleich mit Normalplatten

Plattentyp	Imprägnierverfahren	Trocknung nach Imprägnierung	Tränkharzaufnahme*	Holzart	Platten-Rohdichte	Dicke	Bindemittel-Festharzgehalt**	Gesamt-Kunstharzgehalt	Biegefestigkeit	Dickenquellung Q_{24}
Nr.		°C	%		g/cm³	mm	%	%	kp/cm²	%
106	Tauchtränkung in 5%iger wäßriger Kunstharzlösung	45	5	Kiefer	0,78	16	7,2	12,2	345	12,5
107	Vergleichsplatte ohne Imprägnierung	–	–	Kiefer	0,75	16	7,2	7,2	325	15,9
108	Vakuum-Imprägnierung in 5%iger	45	7,7	Buche	0,75	20	9,1	16,8	390	6,2
109	wäßriger Kunstharzlösung	130	7,7	Buche	0,76	20	9,1	16,8	370	3,6
110	Vergleichsplatte ohne Imprägnierung	–	–	Buche	0,74	20	9,1	9,1	390	12,5

* Phenol-Formaldehyd-Kunstharz Bakelite 206.
** Harnstoff-Formaldehyd-Kunstharz K 285.

Tab. 5 Tränkharzaufnahme bei Tauchtränkung von Buchenholz-Spanplatten verschiedener Rohdichte

Platten-typ	Plattenrohdichte-bereich	Aufgenommene Harzlösung bezogen auf Plattengewicht	Absaugdauer	Abgesaugte Harzlösung bezogen auf Gewicht eingebrachter Harzlösung	In Platte verbliebene Harzlösung bezogen auf Anfangsgewicht Platte	In Platte verbliebene Tränkharzmenge bezogen auf atro Platte	Gesamt-Kunstharzgehalt
Nr.	g/cm³	%	min	%	%	%	%
142	0,40	142	10	68	46	7,0	16,1
146	0,50	97	7	59	56	7,4	16,4
148	0,60	78	5	49	38	5,8	14,9

Platten-Kenndaten :

Platten einschichtig, Dicke 19 mm, 9,1% Harnstoff-Formaldehyd-Festharz, Phenolharz-Imprägnierlösung 13%ig in 95%igem Aethanol.

an Platten, bei denen Aceton als Lösungsmittel für Tränkharze verwendet wurde, eine Dickenquellung (24 Stunden Wasserlagerung) von 12%. Eine merkliche Quellungsverbesserung liegt demnach nicht vor.
Um die verhältnismäßig hohe Härtungstemperatur von 130° C, die für die *Härtung* von Phenolharzen durch Zusatz von Hexamethylentetramin als Härter zur Abspaltung von Formaldehyd notwendig ist, zu vermeiden, wurden Versuche durchgeführt, bei denen die imprägnierten Proben nach Abdampfung des größten Teils des Lösungsmittels einer Zwischenbehandlung mit Formaldehyd in Gasform unterzogen wurden. Hierbei genügte eine Temperatur von nur noch 80–90° C. Die erzielten Ergebnisse entsprechen denen der bei 130° C unter Anwendung von Hexamethylentetramin als Härter behandelten Platten.
Ein wesentlicher Faktor bei der Imprägnierung fertiger Platten ist die Rücktrocknung derselben nach Behandlung und die Verdampfung des Lösungsmittels, verbunden mit einer *Lösungsmittelrückgewinnung.* Zur Ausdampfung der verhältnismäßig großen Lösungsmittelmengen, etwa dem Gewicht der Platte entsprechend, sind jedoch erhebliche Mengen Wärmeenergie erforderlich, wodurch das Verfahren wirtschaftlich schwer durchführbar erscheint. Aus diesem Grunde wurde versucht, einen großen Teil des in die Platten bei der Tränkung eingebrachten Tränkharzes auf mechanischem Wege zurückzugewinnen.
Zu diesem Zweck wurde den Proben nach erfolgter Imprägnierung in einer Vakuumkammer ein Teil der von ihnen aufgenommenen Tränkharzlösung entzogen. Wie bei der Imprägnierung wirkt sich auch bei diesem Verfahren die Rohdichte der Platten und deren Oberflächenverdichtung auf die Menge des absaugbaren Tränkharzanteils aus. Diese Verhältnisse sind in Tab. 5 dargestellt. Danach ergibt sich, daß ca. 40–60% des Lösungsmittels, bezogen auf das Gewicht der Platten, nach der Absaugung in der Platte verbleiben, so daß bei einem mittleren Plattengewicht von 500 kg/m³ ca. 250 kg Lösungsmittel/m³ anschließend auszudampfen sind. Dieses Ergebnis ist noch nicht befriedigend; eine weitere Vereinfachung des Verfahrens zwecks Herabsetzung der Kosten für Lösungsmittelrückgewinnung wurde nicht weiter verfolgt. Übrigens ist beim Absaugverfahren zu berücksichtigen, daß nach der Teilabsaugung des Tränkharzes noch genügend Imprägnierharz in der Platte verbleiben muß; dies ist durch Konzentrationsänderungen der Lösungen (s. Abb. 2) möglich.
Die aus den unter 2.2 bis 2.232 beschriebenen Arbeiten gewonnenen Erkenntnisse führten zu folgender laboratoriumsmäßigen Arbeitsweise bei der Tränkung, Absaugung, Härtung und Lösungsmittelrückgewinnung: Plattenproben, vorzugsweise mit Rohdichten um 0,55 g/cm³ werden mit einer ca. 13%igen Tränkharzlösung im Tauch- oder Vakuumverfahren behandelt. 40–60% der aufgenommenen Tränkharzlösung werden anschließend mit einer Vakuumkammer abgesaugt. Die abgesaugte Lösung kann sofort zur Tränkung weiterer Platten verwendet werden. Die Proben werden in eine auf 80–90° C geheizte Härtungskammer mit Heißluftumwälzung eingelegt, dadurch ca. 85% Lösungsmittel des noch in der Platte befindlichen Tränkharzes verdampft und die Aushärtung des Kunstharzes eingeleitet. Die Lösungsmitteldämpfe werden über einen Kühler geführt und kondensiert; das zurückgewonnene Lösungsmittel wird für neue Tränkharzansätze verwendet. Anschließend wird in die Härtungskammer Formaldehyd-Luftgemisch eingeleitet, wodurch bei gleichbleibender Temperatur (80–90° C) die Härtung des Imprägnierharzes beendet wird. Die formaldehydhaltigen Lösungsmitteldämpfe werden über einen separaten Kühler geleitet und kondensiert. Dieses Kondensat kann nach Entfernung des Formaldehyd-Gehaltes wiederum verwendet werden. Abschließend werden die restlichen ca. 15% Lösungsmittel der Proben durch weitere Heißluftumwälzung ausgedampft.

2.3 Anwendung weiterer Tränkharztypen

Neben der Anwendung von Phenol-Bakelite-Kunstharz 206 sollten weitere Kunstharze auf ihre Eignung als Imprägniermittel mit dem Ziel, den Kunstharzgehalt der Platten zu erhöhen, untersucht werden. Angesichts der großen Anzahl der für die vorliegenden Untersuchungen gewiß geeigneten Kunstharze bzw. Kunstharz-Typen wurde vorerst bewußt nur auf solche Produkte zurückgegriffen, die nach Art der Verarbeitung und auch nach Preis von vornherein den geringsten Aufwand zu erfordern schienen. Daher wurde zweckmäßigerweise von der Verwendung von Spezialharzen, z. B. auf der Basis Epoxyd, zunächst abgesehen, obwohl sich gerade diese, wie aus der Literatur hervorgeht, auch in bezug auf die hier zu bearbeitenden Probleme eines besonderen Interesses erfreuen. Zusätzlich wurde auch ein Hydrophobierungsmittel in diese Untersuchungen einbezogen, um den speziellen Einfluß auf die Quellungseigenschaften zu kennzeichnen. Die dabei angewendete Verfahrenstechnik entsprach hierbei den unter 2.232 gemachten Angaben.

2.31 Aerodux 185 B

Aerodux 185 B und Härter HRD 150 (Ciba) wurden im Mischungsverhältnis 5 : 1 angesetzt und eine 12%ige Aeroduxlösung, bezogen auf den Festharzgehalt, in 95%igem Aethanol hergestellt. Nach 15 min Vorevakuierung mit 0,7 atu wurde die Imprägnierlösung in den Behälter mit den Platten eingeleitet (Tränkdauer 10 min). Anschließend wurde 5 min abgesaugt, wodurch sich ein in der Platte verbleibender Festharzgehalt von 6% einstellen ließ. Die Trocknung erfolgte bei 50°C während 1 Std., bei weiteren Versuchen bei 90°C während 2 Std., um den Aushärteprozeß zu intensivieren. Neben der Bestimmung des aufgenommenen Festharzes wurde die Dickenquellung nach 24stündiger Wasserlagerung ermittelt. Wie aus Tab. 6 zu ersehen ist, liegt die Dickenquellung der Plattentypen 118 und 119 mit 9,2–9,3% zwar niedriger als die der unbehandelten Vergleichsplatten (Typ 124) mit 12,5%; der erzielte Vergütungseffekt erscheint jedoch noch verhältnismäßig gering.

2.32 Kunstharz 26m – Plastopal AT

Das Kunstharz 26m Plastopal AT (BASF) wurde im Anlieferungszustand (flüssig mit 31% Festharzgehalt) mit 95%igem Aethanol auf eine 12%ige Lösung verdünnt. Für andere Versuche wurde die 31%ige Harzlösung bei vermindertem Druck und 40°C Temperatur so weit eingeengt, bis der größte Teil des Lösungsmittels (Alkohol) abgedampft war. Mit Methylacetat wurde dann eine 12%ige Lösung eingestellt. Die Imprägnierung wurde wie unter 2.31 durchgeführt, wobei auch die Tauchtränkung mit 2stündiger Einwirkungszeit zur Anwendung kam. Die Trockentemperaturen betrugen jeweils 55°C.

Trotz des hohen Gesamt-Kunstharzgehaltes zeigt die Eigenschaftsprüfung auf Dickenquellung (vgl. Tab. 6) nur eine unzureichende Quellungsvergütung gegenüber den unbehandelten Vergleichsplatten und gegenüber den mit Bakeliteharz 206 erzielbaren Werten bei gleichem Tränkharzgehalt.

2.33 Chlorparaffin

In die Untersuchungen über geeignete Imprägniermittel fertiger Spanplatten wurde auch Chlorparaffin einbezogen. Es wurden Chlorparaffinlösungen in Tetrachlorkohlenstoff

Tab. 6 Imprägnierdaten (bei Anwendung verschiedener Tränkharze), Kunstharzgehalte und Dickenquellung von Buchenholz-Spanplatten

Plattentyp	Tränkharz	Lösungsmittel	Feststoffgehalt der Lösung	Imprägnierart	Vorevakuierung	Tränkdauer	Absaugung	Trocknungstemperatur	Aufgenommene Tränk-Festharzmenge	Gesamt-Kunstharzgehalt	Dickenquellung nach 24stündiger Wasserlagerung
Nr.	Typ	Typ	%		min	min	min	°C	%	%	%
114	Phenol-	Aethanol	9	Vakuum	15	10	5	90	4,5	13,6	7,8
115	Bakelite-	Aethanol	9	Tauch	–	120	–	90	6,5	15,6	7,3
116	harz	Aethanol	12	Tauch	–	24 Std.	5	135	3,7	12,8	7,9
117	206	Aethanol	16	Tauch	–	24 Std.	5	135	10,0	19,1	7,0
118	Aerodux-	Aethanol	12	Vakuum	15	10	5	90	6,0	15,1	9,3
119	185 B	Aethanol	12	Vakuum	15	10	5	50	6,8	17,9	9,2
120	Kunst-	Aethanol	12	Vakuum	15	10	5	55	7,0	16,1	10,3
121	harz-	Methyl-	12	Vakuum	15	10	5	55	8,2	17,3	8,7
122	26m-	acetat	12	Vakuum	15	120	5	55	8,5	17,6	8,4
123	Plastopal	Aethanol	12	Tauch	–	120	–	55	6,2	15,3	9,0
124	unbehandelte Vergleichsplatten		–	–	–	–	–	–	–	–	12,5

Platten-Kenndaten:

Plattenrohdichte 0,55 g/cm³, einschichtig, Dicke 19 mm, Bindemittelgehalt 9,1% Harnstoff–Formaldehyd-Kunstharz.

mit 5, 10 und 20% Festsubstanz hergestellt und nach der Labormethode im Vakuumverfahren als Imprägniermittel verwendet. Die Trocknung der Plattenproben wurde in diesem Falle bei 20°C Temperatur durchgeführt; durch die Anwendung niedriger Trocknungstemperaturen erscheint das Chlorparaffin als Imprägniermittel interessant. Eingelagert wurden entsprechend den verschiedenen Konzentrationen der Lösungen 1,85, 3,85 und 6,80% Festsubstanz.

Anschließend vorgenommene Dickenquellungsprüfungen ergaben zwar eine beachtliche Quellungsvergütung, die jedoch noch nicht als ausreichend angesehen werden kann, wie aus den Angaben in Tab. 7 hervorgeht. Auffällig ist, daß der niedrigste Chlorparaffingehalt die niedrigsten Quellwerte aufweist; offenbar liegt hier ein Optimum vor. Nochmals durchgeführte Versuche bestätigten die vorher ermittelten Quellwerte. Vermutlich ist die Chlorparaffinablagerung bei geringerer Lösungskonzentration an den Spanoberflächen gleichmäßiger. Es besteht auch die Möglichkeit, daß bei Ausbildung dickerer Filme durch größere Konzentration der Lösung eine Perforation derselben durch das flüchtige Lösungsmittel erfolgt.

Tab. 7 Dickenquellung von vakuumimprägnierten Buchenholz-Spanplatten mit verschiedenen Chlorparaffingehalten

Plattentyp	Feststoffgehalt der Lösung	Aufgenommene Chlorparaffin-Menge	Dickenquellung nach Wasserlagerung 2 Std.	Dickenquellung nach Wasserlagerung 24 Std.
Nr.	%	%	%	%
135	5	1,85	8,4	9,4
136	10	3,85	8,8	10,1
137	20	6,80	9,2	11,1
124	unbehandelte Vergleichsplatte		10,6	12,5

Platten-Kenndaten:

Plattenrohdichte 0,55 g/cm³, einschichtig, Dicke 16 mm, 9,1% Harnstoff-Formaldehyd-Festharz.

Chlorparaffin in Tetrachlorkohlenstoff gelöst, Vorevakuierung 15 min, Tränkdauer 10 min, Absaugung 5 min, Trocknungstemperatur 20° C.

2.4 Untersuchungen über die Ausbildung unterschiedlicher Tränkharzgehalte in den Plattenaußen- und -mittelzonen bei einschichtigen Versuchsplatten

Bei Ermittlung der während der Tränkung fertiger Platten aufgenommenen und in die Platten eingebrachten Festharzmengen wurde festgestellt, daß die Festharzverteilung über den Querschnitt der Platten mit annähernd gleichmäßiger Rohdichte über den Querschnitt unterschiedlich ist, da der Festharzgehalt der Mittelzone dieser einschichtigen Versuchsspanplatten durchschnittlich nur rd. 50% des Festharzgehaltes der Außenzonen betrug. Diese generellen Unterschiede innerhalb der Platten wurden sowohl an tauch- als auch an vakuumgetränkten Platten mit ausgehärtetem Tränkharz festgestellt (s. Tab. 8).

Diese Erscheinung trat nicht nur bei mittleren Tränkharzgehalten von 7%, sondern auch bei Erhöhung auf 10% und mehr auf. Proben mit beispielsweise 10% Phenol-Tränkharzgehalt besaßen in den Außenschichten rd. 13% und in den Mittelschichten rd. 6% Festharz. An diesen Proben ermittelte Dickenquellungen lagen nach 24stündiger

Wasserlagerung bei 6,8% und nach 48stündiger Wasserlagerung bei 7,0%. Auf Grund der Untersuchungen tritt bei den geprüften Platten erst dann eine genügende Quellungsvergütung ein, wenn in der Mittelzone ein Mindestgehalt an Phenol-Tränkharz von 6% erzielt wird.

Auf Grund dieser neuen Feststellungen war zu klären, welche Ursachen für die Inhomogenität der Festharz-Imprägnierung und -Verteilung bei einschichtigen Spanplatten in Frage kommen. In weiteren Untersuchungen sollte daher festgestellt werden, ob

a) mit einer Variation der Tränkungsbedingungen eine Vergleichmäßigung der Tränkharzverteilung über den Querschnitt der imprägnierten Platten erreichbar ist,

b) ein Einfluß der Rohdichteverteilung über dem Plattenquerschnitt auf die Tränkharzverteilung vorliegt,

c) die Art des Lösungsmittels die ungleichmäßige Tränkharzverteilung bewirkt,

d) die ungleichmäßige Tränkharzverteilung schon bei tränkfeuchten, nicht getrockneten Platten auftritt.

Zu a)

Die teilweise Wiederholung der Versuche sowie weitere Tränkungsversuche, bei denen stets die gleiche Kunstharzmenge von rd. 6% bei Normaldruck und bei Vakuum-Tränkung (mit und ohne anschließende Teilabsaugung und Trocknung bei 60–70°C in strömender, heißer Luft) eingebracht wurde, zeigten bei allen Versuchsbedingungen im Prinzip dieselbe ungleichmäßige Tränkharzverteilung bei ausgehärtetem Tränkharz.

Zu b)

Um den Einfluß der Plattenrohdichte auf die Tränkharzverteilung festzustellen, wurden die verschiedenen Tränkverfahren für die Imprägnierung von einschichtigen Spanplatten aus Buchenholz mit Rohdichten von 0,65 g/cm³ angewendet, ohne daß eine Veränderung der Verhältnisse gegenüber den Platten mit Rohdichten von 0,55 g/cm³ festgestellt werden konnte. Der Einfluß der Rohdichte*differenzierung* über den Querschnitt der ein-

Tab. 8 Unterschiedliche Tränk-Festharzgehalte der Plattenaußen- und Mittelzonen bei Imprägnierung fertiger Holzspanplatten im Tauch- und Vakuumtränkverfahren

Plattentyp	Tränkharz	Lösungsmittel	Imprägnierart	Aufgenommene Festharzmenge*	
				Außenzonen	Mittelzone
Nr.	Typ	Typ		%	%
115	Phenol-	Aethanol	Tauchverfahren	8,0	4,0
116	Bakelite-	Aethanol	Tauchverfahren	4,0	2,0
117	harz	Aethanol	Tauchverfahren	13,7	5,7
130	206	Aethanol	Vakuumverfahren	7,0	3,0
119	Aerodux-185 B	Aethanol	Vakuumverfahren	8,6	4,2
120	Kunstharz-	Aethanol	Vakuumverfahren	8,6	5,5
121	26m-	Methylacetat	Vakuumverfahren	8,8	7,4
122	Plastopal	Methylacetat	Vakuumverfahren	9,4	7,5

* Aufgenommene Festharzmenge bezogen auf atro Plattengewicht

schichtigen Platten wurde durch weitere Untersuchungen überprüft, wobei festgestellt wurde, daß die für die Imprägnierung verwendeten Versuchsplatten (Rohdichte 0,55 g/cm³) mit 0,57 g/cm³ in den Außenzonen und 0,52 g/cm³ in den Mittelzonen einen fast gleichmäßigen Querschnittsaufbau besitzen. Daraus ist abzuleiten, daß die sehr viel größere Differenzierung in der Tränkharzverteilung kaum durch die Plattenstruktur bedingt sein kann.

Zu c)

Aus den hierzu durchgeführten Arbeiten ist abzuleiten, daß von den untersuchten und verglichenen Lösungsmitteln, Äthylalkohol (Kp = 78° C), Methylacetat (Kp = 57,1° C) und Tetrachlorkohlenstoff (Kp = 76,8° C), lediglich bei Anwendung von dem giftigen und feuergefährlichen Methylacetat als Lösungsmittel die oben beschriebene unterschiedliche Anlagerungsverteilung des Kunstharzes nicht eintritt. Somit kommt der Wahl des Lösungsmittels für die verschiedenen Harztypen Bedeutung zu.

Zu d)

Wurde nach der Imprägnierung und anschließenden Teilabsaugung die Bestimmung der Tränkharzverteilung an noch *feuchten*, also noch nicht getrockneten Plattenproben durchgeführt, so blieb die Konzentration des Tränkharzes über dem Querschnitt der Platte praktisch gleich. Die Imprägnierung mit Farbstoffen an Stelle der Kunstharze bestätigte dieses Ergebnis.

Aus diesen Untersuchungen ist abzuleiten, daß neben dem Typ des Lösungsmittels vor allem durch die Trocknung und Abdunstung des Lösungsmittels die anfänglich gleichmäßige Verteilung des Kunstharzes über den Plattenquerschnitt verändert wird. Beim Trocknen der Platten, bei dem gleichzeitig das Kunstharz ausgehärtet werden soll, wird durch die Lösungsmittelbewegung zu den Oberflächen ein Teil des Kunstharzes in die Außenzonen der Platten transportiert.

Aus den voran beschriebenen Arbeiten ergibt sich also, daß einfache Imprägnierungsverfahren für fertige Platten im Prinzip möglich sind; besonders günstig wäre es, wenn man die festgestellte Tränkharz-Verteilungs-Inhomogenität verhindern könnte. Es müßte speziellen Untersuchungen vorbehalten bleiben festzustellen, ob durch Zugabe spezieller Härter bzw. Fixierungsmittel bzw. durch Verarbeitung auf Zweikomponentenbasis durch chemische Aushärtung mit Tränkharzen noch vor der Trocknung dieser Trend zur Festharz-Verteilungs-Inhomogenität vermindert oder gar beseitigt werden könnte. Damit wäre unter Umständen eine günstigere Aussicht auf einen wirtschaftlichen Einsatz dieser Veredelungsstufe vorhanden.

3. Hochkunstharzhaltige Spanplatten, hergestellt mit erhöhtem Bindemittelgehalt

Die Erhöhung der Qualität von Holzspanplatten, speziell bezogen auf die Festigkeitseigenschaften und das hygroskopische Verhalten, läßt sich, abgesehen von anderen verfahrenstechnischen Veränderungen, auch durch die Heraufsetzung der aufzuwendenden Kunstharz-Bindemittelmengen erreichen. Diese Arbeitsweise stellt kaum Anforderungen an die technische Maschinenausrüstung innerhalb des normalen Fertigungsablaufes, wenn auch bei höherem Bindemitteleinsatz etwa ab 12% ein gewisser Mehraufwand an maschinellen Einrichtungen erforderlich wird. Die wirtschaftliche Anwendung von

höheren Bindemittelmengen wird weitgehend vom Preis des Kunstharz-Bindemittels und der durch Mehraufwand erzielten Qualitätssteigerung bestimmt.
Entsprechend den z. Z. auf dem Markt befindlichen Kunstharzleimtypen wurden die Versuche auf die Verwendung von Harnstoff–Formaldehyd-Kunstharzleim, Melamin–Harnstoff-Mischkondensat und Phenol–Formaldehyd-Kunstharzleim abgestellt.

3.1 Allgemeine Gesichtspunkte zu den eingesetzten Kunstharz-Bindemitteltypen

3.11 Harnstoff–Formaldehyd-Kunstharz

Allgemein werden Harnstoff–Formaldehyd-Kunstharzleime für Verleimungen von Holzspanplatten mit der Bezeichnung V 20 (nach DIN-Entwurf 68761, Blatt 3) angewendet. Danach ist diese Verleimung beständig bei Verwendung der Platten in Räumen mit im allgemeinen niedriger Luftfeuchtigkeit und gilt als nicht wetterbeständig.
Obwohl Ch. Schmidt–Hellerau [23] in seinen Untersuchungen an Vergleichsplatten, die mit reinem Harnstoffharz, Harnstoff- und Melaminharz, Harnstoffharz und Reinmelamin und Phenolharz unter der Voraussetzung gleichen Kostenaufwandes, sowie auch unter der Voraussetzung gleicher Dosierung des Festharzgehaltes hergestellt waren, feststellte, daß die Platten mit reinem Harnstoffharz recht gute und den anderen Platten gegenüber bessere Festigkeitswerte und vor allem günstigere Quellungseigenschaften bei Kaltwasserprüfungen ergaben, wird die Verwendung von Platten mit Harnstoffharzleim auf den oben, in DIN 68761, Blatt 3, genannten Verwendungszweck beschränkt bleiben. Entsprechende Folgerungen sind auch aus der Arbeit von W. Clad und Ch. Schmidt–Hellerau [3] zu ziehen, wonach bei Erhöhung des Harnstoffharz-Bindemittelaufwandes auf 12% nach längerer Bewetterung der senkrecht stehenden Platten im Freilandversuch nur eine unwesentliche Querzugfestigkeitsminderung eintrat; jedoch ist die Verwitterung der Außenzonen dieser Platten gegenüber phenolharzgebundenen Platten recht hoch. Da hochbindemittelhaltige Holzspanplatten nicht nur für Erzeugnisse, die stärkeren Klima- bzw. Witterungseinflüssen unterliegen, eingesetzt werden, ist auch die Kenntnis der sonstigen technologischen Eigenschaften dieser Platten von großer Wichtigkeit; dies gilt im Besonderen im Hinblick auf ihre wirtschaftliche Herstellung. Der Harnstoff–Formaldehyd-Kunstharzleim ist unter allen Bindemitteltypen, die bisher für die Holzspanplattenherstellung verwendet werden, das billigste Produkt. Aus diesem Grunde sollen die in den nachfolgenden Untersuchungen mit Harnstoffharz hergestellten Versuchsplatten zusammen mit einigen normalen, industriell unter Verwendung von Harnstoffharz hergestellten Platten als Basis für Vergleiche der technologischen Eigenschaftswerte aller mit anderen Bindemitteltypen und Imprägnierungsharzen im Rahmen der Forschungsarbeit hergestellten Platten dienen.

3.12 Melamin–Harnstoff–Formaldehyd-Mischkondensat

Modifizierte Melamin–Harnstoff–Formaldehyd-Kondensationsprodukte werden nach DIN-Entwurf 68761, Blatt 3, für Verleimungen mit der Bezeichnung V 70 verwendet und gelten als beständig gegen erhöhte Luftfeuchtigkeit, jedoch nicht als wetterbeständig.
Allgemein besitzen Harnstoff–Melaminharz-verleimte Platten bessere hygroskopische Eigenschaften und weisen im Zusammenhang damit bei der Heißwasserprüfung nach DIN für Platten, verleimt nach V 70, geringere Festigkeitseinbußen auf als die mit Harnstoffharz verleimten Platten [3, 4, 26]. Dieser Qualitätsverbesserung steht allerdings der verhältnismäßig hohe Preis gegenüber, so daß z. Z. diese melaminverstärkten Harn-

stoffharzleime lediglich für einen relativ geringen Produktionsanteil z. B. zur Herstellung sogenannter Werftplatten eingesetzt werden.

3.13 Phenol-Formaldehyd-Kunstharz

Phenol- und Kresol-Formaldehyd-Kunstharze sind nach dem DIN-Entwurf 68761, Blatt 3, für Verleimungen mit der Bezeichnung V 100 geeignet. So hergestellte Spanplatten gelten als beständig gegen hohe Luftfeuchtigkeiten und somit als begrenzt wetterbeständig.
Bei der Verarbeitung dieses Bindemittels sind jedoch verfahrenstechnische Besonderheiten zu berücksichtigen. Dies gilt u. a. für die Feuchtigkeitseinstellung der beleimten Späne, für höhere Preß- und Aushärtetemperaturen und längere Preßzeiten [5, 22]. Diesen im Vergleich zu Harnstoffharzen allgemein ungünstigeren Fertigungsbedingungen sind die Vorteile, die durch Anwendung dieses Bindemitteltyps zu erreichen sind, gegenüberzustellen.
Aus einer Reihe von Untersuchungen geht hervor [1, 2, 17, 18, 19, 21, 26], daß die Naßfestigkeit phenolharzgebundener Platten, besonders bei Anwendung von höheren Prüftemperaturen und speziell beim Kochversuch, besser ist. Hier werden eindeutige Vorteile der Phenolharzverleimung sichtbar, wobei jedoch in diesem Zusammenhang darauf hingewiesen werden muß, daß durch die bisher bekannten Kurzprüfungen ausschließlich die Verleimung der Platten gekennzeichnet werden kann. Rückschlüsse auf die Wetterbeständigkeit der Platten an sich sind aus diesen Ergebnissen nicht möglich [26].
Nachteilig für eine größere Verwendung der Phenolharze war bisher der noch zu hohe Preis. Durch das Bestreben, die Einsatzmöglichkeiten für Spanplatten auszuweiten, ist das Interesse an diesen Bindemitteltypen in relativ kurzer Zeit beachtlich gestiegen, so daß bei der industriellen Herstellung von Spanplatten Phenolharze in zunehmendem Maße Verwendung finden.

3.2 Labormäßige Herstellung hochbindemittelhaltiger Spanplatten

Für die Durchführung der verschiedenen Untersuchungen waren verschiedene Holzspanplattentypen labormäßig herzustellen.
Bei der Herstellung der Platten wurde davon ausgegangen, daß zunächst die Wirkungsweise unterschiedlicher Bindemittelgehalte an normalen, mittelschweren Holzspanplatten genauer erfaßt werden sollte. In Ergänzung dazu erschien es notwendig, auch Platten niedrigerer Rohdichte bei größerer Plattendicke mit in das Untersuchungsprogramm einzuschließen, um für die sich anbahnende Verwendung von dickeren, leichteren Platten, deren Einsatzgebiete vornehmlich in verschiedenen Sparten des Bauwesens liegen, eingehendere Kenntnisse zu erlangen.
Bei der Herstellung dieser leichteren, dickeren Platten ist neben der Festigkeit das hygroskopische Verhalten von größerem Interesse. Die bei diesen Platten auftretende Quellung wird auf Grund der niedrigen Rohdichte, d. h. geringeren Holzmenge je m^3 gegenüber normalen, mittelschweren Platten niedrigere Werte aufweisen. Demgegenüber ist die Wasseraufnahme leichterer Platten größer, wobei sich der Befeuchtungsprozeß, durch das große Porenvolumen der Platten, wesentlich schneller vollzieht als bei schweren Platten. Dabei ist jedoch wichtig, daß lediglich die Feuchtigkeitsaufnahme bis zum Fasersättigungspunkt (ca. 28%) für die Dickenquellung des Holzes und somit auch weitgehend für die der Holzspanplatte von Bedeutung ist. Ein höherer Befeuch-

tungsgrad über den Fasersättigungspunkt hinaus, durch Aufnahme von tropfbarem Wasser, könnte ungeeignete Bindemittel stärker beeinflussen bzw. teilweise im Laufe der Zeit zerstören.

Bei den Überlegungen, dickere, leichte Platten mit normalen Platten zu vergleichen, muß berücksichtigt werden, daß zwar die Dickenquellung unter Umständen geringer ist, daß jedoch schon die Ausgangsfestigkeiten dieser Platten, auch wenn sie mit einem höheren Bindemittelgehalt von 12% und mehr hergestellt werden, niedriger liegen. Selbst wenn durch die geringe Rohdichte dieser Platten die Festigkeit durch die Plattenquellung nicht so stark herabgesetzt wird wie bei Platten normaler Rohdichte, wird die Festigkeit im feuchten Zustand in ihren Absolutwerten dennoch niedriger sein.

Sämtliche Platten wurden einschichtig aus Kiefernholz-Schneidspänen hergestellt, um die Vergleichbarkeit der Ergebnisse zu erleichtern. Die Späne, mit einem Labor-Flachscheibenspaner hergestellt und in einer Conduxmühle mit Lochringeinsatz (20 mm^2) nachzerkleinert, hatten mittlere Abmessungen von 20 mm Länge, 4 mm Breite und 0,2 mm Dicke. Das Schüttgewicht der auf ca. 4% Holzfeuchte getrockneten Späne betrug 50 g/l, wobei ca. 7% Feinanteil vorher einem Plansichter abgesiebt worden waren.

Die Beleimung der Späne erfolgte mit einer Labor-Beleimungsmaschine, mit der eine gleichmäßige Bindemittel-Zerteilung und Bindemittel-Verteilung nach E. MEINECKE [16] von $\lambda = 14$ erzielt wurde. Das Verhalten der Späne bei Anwendung größerer Bindemittelmengen je Gewichtseinheit und die dabei teilweise erforderlichen Zwischentrocknungen werden später im Abschnitt 3.31 eingehend behandelt.

Die Streuung der Spanmatten erfolgt manuell in Formkästen von 40×40 cm, bzw. 80×40 cm Kantenlänge. Nach der Streuung wurden die Spanmatten mit 2 kp/cm^2 vorgepreßt und anschließend in der hydraulischen Presse bei 160°C Heizplattentemperatur ausgehärtet. Die Schließzeit wurde für alle Plattentypen konstant auf 45 sec eingestellt, wobei der maximale Preßdruck entsprechend den verschiedenen Rohdichten und Platten Dicken zwischen 18 und 24 kp/cm^2 betrug. Sämtliche Versuchsplatten wurden also unter gleichen Fertigungsbedingungen hergestellt, soweit nicht plattentyp-abhängige Änderungen erforderlich wurden. Die für diese Untersuchungen hergestellten Labor-Spanplatten mit erhöhtem Bindemittelgehalt sind unter Angabe der Abmessungen, der Rohdichte, des Kunstharz-Bindemitteltyps und -aufwandes, des Härtertyps und -aufwandes, des Hydrophobierungsmitteltyps und -aufwandes und Preßzeit in der Tab. 9 zusammengestellt. Sämtliche Platten wurden im Normalklima bei 65% relativer Luftfeuchtigkeit und 20°C klimatisiert. Vor den Prüfungen wurden die Platten beidseitig geschliffen.

3.3 Verfahrenstechnische Besonderheiten bei der labormäßigen Herstellung hochbindemittelhaltiger Spanplatten

Die Herstellung der verschiedenen Plattentypen bedingte lediglich bei der Beleimung der Späne und Aushärtung der Platten geringe Abweichungen vom üblichen Herstellungsprozeß.

3.31 Beleimung mit höherem Bindemittelaufwand

Bei der Beleimung der Späne mit höherem Bindemittelaufwand wurden Änderungen im üblichen Verfahrensablauf notwendig. Die Beleimungen mit einem Bindemittelaufwand

Tab. 9 *Herstellungsdaten von einschichtigen mit erhöhtem Bindemittelgehalt hergestellten Versuchs-Holzspanplattentypen aus Kiefernholzspänen* (Spanabmessungen: $l \sim 20$ mm, $b \sim 4$ mm, $d = 0{,}2$ mm)

Nr.	Plattentyp			Kunstharzbindemittel		Härter		Hydrophobierungsmittel		Preßzeit
	Rohdichte g/cm³	Dicke mm	Größe cm	Typ, Handelsbezeichnung	Aufwand, g Festharz/100 g atro Holz	Typ, Handelsbezeichnung	Aufwand, % auf Bindemittel-Lösung	Typ, Handelsbezeichnung	Aufwand, g Feststoff/100 g atro Holz	bei 160° C min
201	0,62	24	40×40	Kaurit-Leim	8	Härter	10	–	–	6
202	0,62	24	40×40	285 flüssig	12	400	10	–	–	9
203	0,62	24	40×40	285 flüssig	12	flüssig	10	Östol 542W	0,5	9
204	0,62	24	40×40	285 flüssig	16	flüssig	10	–	–	12
205	0,62	24	40×40	285 flüssig	16	flüssig	10	Östol 542W	0,5	12
206	0,62	24	40×40	285 flüssig	20	flüssig	10	–	–	15
212	0,48	34	80×40	Kaurit-Leim	12	Härter	10	–	–	14
213	0,48	34	80×40	285 flüssig	15	400 flüssig	10	–	–	18
216	0,48	34	80×40	Kauresin	12	–	–	–	–	15
217	0,48	34	80×40	250 flüssig	15	–	–	–	–	20
222	0,48	34	80×40	M 3085	12	Härter	10	–	–	14
223	0,48	34	80×40	M 3085	15	400 flüssig	10	–	–	18

bis 12 g Festharz je 100 g atro Spangut bedingte nach dem normalen Beleimungsvorgang eine Trocknung der Späne, um die Klebrigkeit der Späne herabzusetzen und eine einwandfreie Streuung zu gewährleisten. Die Trocknung erfolgte durch Luftumwälzung in einem unbeheizten Düsenrohrtrockner.

Bei einem Bindemittelaufwand über 12 g Festharz je 100 g atro Spangut wurde nach Auftrag der Hälfte der Bindemittelmenge eine Zwischentrocknung im unbeheizten Düsenrohrtrockner durchgeführt. Diese Maßnahme gestattete eine einwandfreie Weiterbeleimung der Späne. Dieser 2. Beleimung wurde nochmals eine Trocknung der Späne durch Luftumwälzung nachgeschaltet, um dadurch die Späne streufähig zu machen.

Die durch Luftumwälzung zwischen- bzw. nachgetrockneten beleimten Späne besaßen bei einer Ausgangsfeuchtigkeit von ca. 4% bei einem Bindemittelaufwand von 12 g Festharz je 100 g atro Späne eine Beleimungsfeuchtigkeit von ca. 13%, bei einem Bindemittelaufwand von 16 g Festharz je 100 g atro Späne eine Beleimungsfeuchtigkeit von ca. 16%.

Um Holzspanplatten mit höheren Bindemittelgehalten industriell herzustellen, ergeben sich aus diesen Laborversuchen folgende Besonderheiten:

Bis zu einem Bindemittelaufwand von 12 g/100 g atro Späne kann der Bindemittelauftrag in einer Beleimungsmaschine erfolgen. Die Maschine sollte eine genügende Kapazität und speziell eine genügende Länge besitzen. Hinter dem Späneaustrag ist dann im Gegensatz zu den üblichen Transportbändern zu den Streumaschinenbunkern ein Lufttransport vorzusehen. Die intensive Luftumwälzung sollte den Leim auf den Spänen so weit abtrocknen, daß eine normale Abstreuung und Mattenbildung gewährleistet ist.

Bei Bindemittelaufwendungen über 12 g/100 g atro Späne ist die Kapazität der normalen Industrie-Beleimungsmaschinen überschritten. Hier sind zwei Beleimungsmaschinen, verbunden durch einen Lufttransport, hintereinanderzusetzen. Im zwischengeschalteten Lufttransport müssen die beleimten Späne so weit getrocknet werden, daß die Beleimung in der zweiten Maschine einwandfrei erfolgen kann. Für den Spantransport von der zweiten Beleimungsmaschine zum Streumaschinenbunker ist ebenfalls wieder ein Lufttransport vorzusehen. An Stelle des pneumatischen Transports kann auch eine schonendere Umlufttrocknung der Späne mit anschließendem Bandtransport vorgesehen werden.

3.32 *Verdichtung und Aushärtung*

Wie unter 3.31 dargestellt, wurde nach der beschriebenen Arbeitsweise bei der Beleimung mit 12 g Bindemittelaufwand die Beleimungsfeuchtigkeit auf ca. 13% und bei 16 g Bindemittelaufwand auf ca. 16% eingestellt. Diese etwas höheren Feuchtigkeiten – die normale Beleimungsfeuchte liegt bei etwa 12% [10–12] – bedingen allerdings bei der labormäßigen Herstellung eine Verlängerung der Preßzeiten. Aus der Gesamtübersicht in Tab. 9 sind die Einzelheiten hierzu zu ersehen. Die Versuchsplatten wurden mit einem großen Sicherheitsfaktor bezüglich der Preßbedingungen oberhalb der optimalen Preßdauer hergestellt, so daß sich die Preßzeiten noch erheblich verkürzen lassen [1, 13]. Hinsichtlich der Verdichtung wurden keine Besonderheiten berücksichtigt, da diese erst bei Einstellung optimaler Preßbedingungen von Bedeutung sind. Einflüsse der höheren Feuchtigkeit sind hier, je nach Platten- und Anlagentyp, durch die Schließgeschwindigkeit der Presse in Form von Änderungen der Rohdichteausbildung über den Querschnitt, der damit zusammenhängenden Festigkeitsausbildung hinsichtlich Biegefestigkeit, Biege-Elastizitätsmodul und Querzugfestigkeit sowie der Oberflächengüte der Platten zu erwarten.

Zunächst kann man ableiten, daß bei der industriellen Herstellung keine wesentlichen Veränderungen der Preßbedingungen zu berücksichtigen sind. Die optimalen Einstellungen würden sich dann bei den einzelnen Herstellern aus den Kenntnissen ihrer normalen Preß- und Aushärtebedingungen ergeben.

4. Eigenschaften hochbindemittelhaltiger Versuchsspanplatten

Im Gegensatz zu Holzspanplatten mit normalen Bindemittelgehalten, bei denen die Güte durch bestimmte, genormte Eigenschaftsprüfungen ausreichend gekennzeichnet ist (DIN 68761, Blatt 1 und 2), wird bei hochkunstharzhaltigen Platten durch die spezielleren Anwendungsmöglichkeiten eine differenzierte Gütekennzeichnung erforderlich sein.
Wenn man davon ausgeht, daß der Anteil der Platten, die im Bauwesen im weitesten Sinne verwendet werden, in den letzten Jahren stärker zugenommen hat als der Anteil, der in den Möbelsektor fließt (vgl. Abb. 1) und wenn man weiter berücksichtigt, daß gerade im Bauwesen durch stärkere bzw. besondere Festigkeits- und klimatische Beanspruchungen erhöhte Anforderungen an die Platten gestellt werden, so ist zu erwarten, daß sich das Hauptanwendungsgebiet für hochkunstharzhaltige Platten auf den Bausektor erstrecken wird, in dem bereits 1965 rd. 40% der gesamten Plattenproduktion eingesetzt wurden. Andere Einsatzmöglichkeiten liegen im Fahrzeugbau; hier wie beim Einsatz für Bauten wird jedoch immer mit klimatischen Einflüssen auf die Fertigerzeugnisse zu rechnen sein. Diese besondere Beanspruchung der Platten muß bei der Kennzeichnung der Eigenschaften speziell berücksichtigt werden. Somit ist neben der Prüfung der normalen Festigkeitseigenschaften im klimatisierten Zustand vor allem das hygroskopische Verhalten der Platten zu kennzeichnen.
Diesen Tatsachen entsprechend wurde bei der Prüfung der verschiedenen mit höherem Bindemittelaufwand hergestellten Platten neben der Bestimmung der allgemeinen Eigenschaften besonderer Wert auf die Erfassung des Plattenverhaltens in Abhängigkeit von Witterungseinflüssen gelegt.
Bei diesen Arbeiten wirkte sich jedoch das Fehlen geeigneter Prüfmethoden und genügender Kenntnisse über das allgemeine Verhalten von Platten bei wechselnden klimatischen Bedingungen aus. Dadurch erstreckten sich die Arbeiten zwangsläufig auch auf grundlegende Feststellungen, um daraus wichtige Erkenntnisse über die Platteneigenschaften zu erhalten; gleichzeitig ergaben sich aber auch Hinweise auf weitere Entwicklungsarbeiten für diese Plattentypen.

4.1 Festigkeitseigenschaften hochbindemittelhaltiger Spanplatten

Um die normalen Festigkeiten der Versuchsspanplatten zu ermitteln, wurden an sämtlichen Plattentypen Eigenschaftsprüfungen nach DIN 52361/62/64 und /65 durchgeführt. Die bei diesen Untersuchungen ermittelten Kennzahlen sind als Mittelwerte in der Tab. 10 aufgeführt. Um den Stand der Technik zu charakterisieren, wurden zusätzlich Spanplatten von fünf verschiedenen Herstellern in die Untersuchung mit einbezogen; deren Eigenschaftswerte sind in Tab. 11 wiedergegeben. Die Kennzahlen der Versuchsplattentypen 201 bis 206 aus Tab. 10 zeigen, daß durch Erhöhung des Bindemittelgehaltes von

7,2 auf 18,0% bei den Biegefestigkeiten eine Steigerung von rd. 50% und bei der Querzugfestigkeit eine Steigerung von rd. 100% eingetreten ist. Die Platten mit den dazwischen liegenden Bindemittelgehalten reihen sich in diese Qualitätssteigerung gut ein. Entsprechend den Werten für die Biegefestigkeit verhalten sich auch die Werte für die E-Moduli bei den Platten mit den verschiedenen Bindemittelgehalten.
Die Dickenquellung nimmt im Bereich der angegebenen Bindemittelgehaltssteigerung um fast 40% ab; dabei ist zu berücksichtigen, daß die angezogenen Werte für Platten ohne Hydrophobierungsmittel gelten. Versuchsplatten mit Hydrophobierungsmittel (Plattentypen 203 und 205) ergeben eine Verbesserung des 24-Stunden-Quellwertes von über 50%. Wenn auch die Wirkung der Hydrophobierungsmittel für einen langfristigen Feuchteeinfluß bei 100% relativer Luftfeuchtigkeit nicht ausreichend ist, so kann sie bei wechselnden klimatischen Bedingungen bei Freilandbewetterung auf Grund der Verzögerung der Feuchtigkeitsaufnahme und -abgabe Vorteile für das hygroskopische Verhalten und die daraus resultierenden Festigkeiten der Platten bringen (vgl. Abb. 4–7 in Abschnitt 4.2).
Die Wirkungsweise der verschiedenen Bindemitteltypen ist am Beispiel der Plattentypen 212, 213; 222, 223; 216, 217 ebenfalls aus Tab. 10 ersichtlich. Auch hierbei ergeben sich gewisse Unterschiede bei den Werten für die Biegefestigkeit; bei der Querzugfestigkeit liegen die ermittelten Werte noch im Bereich der normalen Schwankungsbreite. Größere Unterschiede ergeben sich wieder bei der Dickenquellung, bei der das Harnstoff-Melamin-Mischkondensat die günstigsten Werte liefert.
Bei den industriellen Platten, deren Werte in Tab. 11 wiedergegeben sind, handelt es sich um 4 mit Harnstoff-Formaldehyd-Kunstharzbindemittel verleimte Platten und um einen mit Phenol-Formaldehyd-Kunstharzbindemittel verleimten Plattentyp. Die aus dieser Tabelle hervorgehenden unterschiedlichen Eigenschaftswerte sind teilweise herstellungsmäßig bedingt infolge unterschiedlichen Rohstoffeinsatzes, verschiedener Verfahrenstechniken und auch unterschiedlichen Bindemittelgehaltes sowie unterschiedlichen Plattenaufbaues.

4.2 Hygroskopische Eigenschaften hochbindemittelhaltiger Spanplatten und ihr Einfluß auf die Festigkeit nach Klima-Einwirkung

Dieser Bereich der Untersuchung stützte sich im wesentlichen auf Feststellung der Platteneigenschaften unter der Einwirkung von natürlichen Freilandbedingungen, um auf diese Weise das Verhalten der Plattentypen im Verlauf von längeren klimatisch wechselnden Beanspruchungen zu erfassen und danach durch Festigkeitsprüfungen die Endplattengüte kennzeichnen zu können. Für diese Versuche wurden die Musterplatten an einem Wetterstand mit einer Oberfläche nach Westen weisend, senkrecht aufgehängt. Die Platten wurden dabei in geschliffenem Zustand ohne jede weitere Oberflächenbehandlung dem Wetter ausgesetzt. Durch zwischenzeitliche Messungen von Dicke und Gewicht konnte der jeweilige Zustand der einzelnen Platten laufend erfaßt werden. Bei sämtlichen mit Harnstoff-Formaldehyd-Kunstharzbindemittel und Harnstoff-Melamin-Mischkondensat hergestellten Platten trat während der Bewetterung ein teilweise erheblicher Spanverlust auf den Plattenoberflächen ein, der bei der Ermittlung der Dicken- und Feuchtigkeitszustände naturgemäß unberücksichtigt bleiben mußte. Entsprechend den in Tab. 9 aufgeführten Versuchsplattentypen sind in Abb. 4 die Dicken- und Feuchtigkeitsänderungen während einer längeren Bewetterungsperiode der Plattentypen 201–206 und in Abb. 5 diejenigen der Plattentypen 212, 213; 222, 223; 216, 217 aufgeführt.

Tab. 10 Physikalische und technologische Eigenschaften einschichtiger, mit erhöhtem Bindemittelgehalt hergestellter Versuchs-Holzspanplatten aus Kiefernholzspänen

Plattenkenndaten und -eigenschaften	Plattentyp											
	201	202	203*	204	205*	206	212	213	222	223	216	217
Dicke (mm)	24,0	24,1	24,0	23,7	23,9	24,0	33,1	33,2	34,2	34,2	33,2	33,0
Rohdichte (g/cm^3)	0,61	0,63	0,65	0,61	0,66	0,67	0,49	0,48	0,47	0,48	0,49	0,49
Bindemitteltyp	Harnstoffharz						Harnstoffharz		Melamin-Harnst.-Harz		Phenolharz	
Bindemittelgehalt (Gew.-%)	7,2	10,8	10,8	14,4	14,4	18,0	10,8	13,5	10,8	13,5	10,8	13,5
Biegefestigkeit (kp/cm^2)	240	280	285	315	305	360	168	183	135	168	160	190
Biege-E-Modul (kp/cm^2)	38400	45400	46100	49700	48600	54000	26800	29400	21200	26900	25200	30700
Querzugfestigkeit (kp/cm^2)	4,9	7,8	7,5	9,8	9,4	10,2	3,3	3,5	2,6	3,7	3,5	4,0
Dickenquellung Q_{24} (%)	13,0	10,5	4,7	8,8	4,1	8,2	9,5	7,6	6,1	5,4	7,8	5,7

* Hergestellt mit Hydrophobierungsmittel-Zusatz.

Aus dem in Abb. 4 dargestellten fast 3jährigen Verlauf der Feuchtigkeits- und Dickenänderungen bei natürlicher Wetterbeanspruchung geht hervor, daß die mit Harnstoff-Formaldehyd-Kunstharz verleimten Platten eine sehr starke Abhängigkeit vom Wetterablauf aufweisen. Die mit normalem Bindemittelgehalt von 7,2% hergestellten Platten besitzen nach relativ kurzer Zeit eine derartig hohe Dickenquellung, daß die Registrierung der Feuchtigkeits- und Dickenänderungen abgebrochen werden mußte, da die Platten infolge zu großer Oberflächenschädigungen durch Spanverlust und kraterförmige, unregelmäßige Vertiefungen in den weichen Außenzonen kaum mehr exakt zu vermessen waren. Im Bereich von 10,8 bis 18% Bindemittelgehalt bleiben während der genannten Beobachtungsdauer die Oberflächen fester; unregelmäßige Vertiefungen sind auch hier, besonders im Bereich der Bindemittelgehalte von 10,8 bis 14,4% vorhanden. Die Dicken- und Feuchteänderungen dieser Platten sind jedoch recht erheblich, nur die Plattentypen der mit Hydrophobierungsmittelzusatz hergestellten Versuchsreihen 203 und 205 zeigen eine sehr niedrige Feuchtigkeitsaufnahme und damit nur eine entsprechend geringe Dickenänderung. Wesentlich ist, daß diese Verhältnisse während der gesamten Prüfzeit von 3 Jahren bestehen bleiben. Die Oberflächengüte war bei diesen Plattentypen insofern erheblich besser, als keine kraterförmigen Vertiefungen bei sonst höherem Spanverlust (Abschilferung) gegenüber den übrigen, ohne Hydrophobierungsmittel hergestellten Versuchsreihen auftraten.
Auch die Kantenbeschaffenheit aller bewetterten Plattentypen ließ auf eine nur geringfügige Tiefenwirkung der Feuchtigkeit schließen, da die zusätzliche Aufquellung im Kantenbereich nur zwischen 2 und 4% lag und sich nur auf eine 1–2 cm breite Randzone erstreckte.
Die gleichartig geprüften leichteren, dickeren Versuchsplatten der Typen 212, 213; 222, 223; 216, 217 gaben Aufschluß über den Einfluß der verschiedenen Bindemitteltypen im Verlaufe der Bewetterung. Diese Verhältnisse sind aus Abb. 5 ersichtlich. Auffallend ist hier die verhältnismäßig hohe Feuchtigkeitsaufnahme und Dickenquellung der mit 10,8 bis 13,5% Harnstoff-Formaldehyd-Kunstharzbindemittel hergestellten Platten gegenüber denjenigen, die mit Melamin–Harnstoffharz-Mischkondensaten und Phenol–Formaldehyd-Kunstharzbindemittel hergestellt waren. Weiterhin wird eine sehr hohe Wasseraufnahme der mit Phenol–Formaldehyd-Kunstharz verleimten Platten konstatiert, während die mit Melamin–Harnstoffharz-Mischkondensaten verleimten Platten die niedrigsten Werte für die Wasseraufnahme besitzen. Bei der Dickenquellung sind die Unterschiede zwischen den beiden zuletzt genannten Bindemitteltypen verhältnismäßig gering. Bei der Bewertung dieser Ergebnisse muß jedoch noch berücksichtigt werden, daß die mit Phenol–Formaldehyd-Kunstharz verleimten Platten keine Gewichtsabnahme durch Spanverlust während der Bewetterungsdauer an den Oberflächen erleiden, so daß die Feuchtigkeits- und Dickenquellung naturgemäß höher als bei den anderen Platten liegen, bei denen eine Gewichtsabnahme infolge Spanverlust auftrat (vgl. Tab. 11). Außerdem ist zu bemerken, daß die Typen 216 und 217 lediglich einen geringeren Abschliff für die spätere Prüfung erforderten.
Auch die industriell hergestellten Platten wurden einer gleichartigen Prüfung unterzogen, sie ergaben die in Abb. 6 eingetragenen Werte. Wie nicht anders zu erwarten war, zeigen die fünf verschiedenen Plattentypen einen recht unterschiedlichen Verlauf bei der Dickenquellung und Feuchtigkeitsaufnahme. Auch hier tritt die besonders hohe Wasseraufnahme des mit Phenol–Formaldehyd-Kunstharz gebundenen Plattentyps in Erscheinung bei sonst niedrigen Dickenquellbewegungen. Im ganzen gesehen, wirkt dieser Typ durch die hohe Feuchtigkeitsaufnahme träger in bezug auf Quellbewegungen, eine Tatsache, die sich bei der Beanspruchung der Verleimung innerhalb der Platten durch die langsamere Quell- und Schwundbewegung positiv auswirken dürfte.

Tab. 11 Eigenschaftswerte einschichtiger, mittelschwerer, hochkunstharzhaltiger Labor-Spanplatten aus Kiefernholz
Vor und nach 3jähriger Freiland-Bewetterung (Platten ohne und mit Hydrophobierung)

Plattenzustand	Eigenschaften		Plattentyp	201	202	203*	204	205*	206
			Bindemitteltyp	Harnstoff – Formaldehyd – Kunstharz					
			Bindemittelgehalt	7,2%	10,8%	10,8%	14,4%	14,4%	18,0%
Nach Herstellung klimatisiert	Plattendicke	(mm)		24,0	24,1	24,0	23,7	23,9	24,0
	Plattenrohrdichte	(g/cm³)		0,61	0,63	0,65	0,61	0,66	0,67
	Feuchtigkeitsgehalt	(%)		8,0	8,2	8,1	7,9	8,0	8,0
	Biegefestigkeit	(kp/cm²)		240	280	285	315	305	360
	Querzugfestigkeit	(kp/cm²)		4,9	7,8	7,5	9,8	9,4	10,2
Nach Bewetterung, feucht, Oberflächen geschliffen	Plattendicke	(mm)		22,5	22,4	22,2	22,6	22,3	22,6
	Feuchtigkeitsgehalt	(%)		63,8	65,3	13,7	58,3	11,7	74,4
	Biegefestigkeit	(kp/cm²)		65	95	271	110	260	209
	Querzugfestigkeit	(kp/cm²)		1,5	2,2	4,9	2,9	4,9	3,7
Nach Bewetterung klimatisiert, Oberflächen geschliffen**	Plattendicke	(mm)		20,8	21,0	21,9	21,8	22,0	21,8
	Plattenrohdichte	(g/cm³)		0,50	0,54	0,62	0,51	0,65	0,55
	Feuchtigkeitsgehalt	(%)		8,1	8,2	7,9	8,0	8,1	8,3
	Biegefestigkeit	(kp/cm²)		140	179	277	206	271	275
	Querzugfestigkeit	(kp/cm²)		2,7	4,5	7,2	4,8	8,7	5,7
Bei Bewetterung	Gewichtsabnahme durch Spanverlust	(%)		4,6	4,2	10,7	4,2	8,3	12,4
Nach Bewetterung	Gewichtsabnahme durch Oberflächenschliff**	(%)		23,7	17,5	12,3	12,3	8,8	18,0
Nach Bewetterung	Gesamt-Gewichts-abnahme	(%)		28,3	21,7	23,0	16,7	17,1	30,4

* Platten mit Hydrophobierungsmittelzusatz.

** Zur Erzielung geschlossener, fester Oberflächen notwendiger Abschliff für die Prüfungen (vgl. Text).

Tab. 12 Eigenschaftswerte einschichtiger, dicker, leichter, hochkunstharzhaltiger Labor-Spanplatten aus Kiefernholz
Vor und nach 2jähriger Freiland-Bewetterung (Platten ohne Hydrophobierung)

Plattenzustand	Eigenschaften		Plattentyp 212	213	222	223	216	217
		Bindemitteltyp	Harnstoffharz		Harnstoff-Melaminharz		Phenolharz	
		Bindemittelgehalt	10,8%	13,5%	10,8%	13,5%	10,8%	13,5%
Nach Herstellung klimatisiert	Plattendicke	(mm)	33,1	33,2	34,3	34,2	33,3	33,0
	Plattenrohdichte	(g/cm³)	0,48	0,48	0,47	0,48	0,49	0,49
	Feuchtigkeitsgehalt	(%)	8,1	8,0	7,9	8,1	8,0	8,1
	Biegefestigkeit	(kp/cm²)	168	183	135	168	165	190
	Querzugfestigkeit	(kp/cm²)	3,3	3,5	2,6	3,7	3,7	4,2
Nach Bewetterung, feucht, Oberflächen geschliffen	Plattendicke	(mm)	34,0	34,0	33,9	34,0	33,9	33,9
	Feuchtigkeitsgehalt	(%)	66,7	59,0	52,4	74,3	60,5	40,8
	Biegefestigkeit	(kp/cm²)	49	58	74	83	92	97
	Querzugfestigkeit	(kp/cm²)	0,9	1,3	1,2	2,2	2,1	2,3
Nach Bewetterung, klimatisiert, Oberflächen geschliffen*	Plattendicke	(mm)	31,8	31,8	32,0	32,2	31,2	30,7
	Plattenrohdichte	(g/cm³)	0,43	0,45	0,43	0,45	0,47	0,45
	Feuchtigkeitsgehalt	(%)	8,3	8,1	8,0	8,1	8,2	8,1
	Biegefestigkeit	(kp/cm²)	103	136	95	114	163	174
	Querzugfestigkeit	(kp/cm²)	1,1	2,0	2,0	3,1	3,4	3,9
Bei Bewetterung	Gewichtsabnahme durch Spanverlust	(%)	7,2	7,5	7,5	10,9	–	–
Nach Bewetterung	Gewichtsabnahme durch Oberflächenschliff *	(%)	19,5	16,8	7,0	5,0	5,4	3,7
Nach Bewetterung	Gesamt-Gewichtsabnahme	(%)	26,7	24,3	14,5	15,9	5,4	3,7

* Zur Erzielung geschlossener, fester Oberflächen notwendiger Abschliff für die Prüfungen (vgl. Text).

Nach Ablauf der vorgesehenen klimatischen Beanspruchung durch Bewetterung wurden sämtliche Plattentypen einer Endprüfung hinsichtlich Biegefestigkeit und Querzugfestigkeit unterzogen. Zu diesem Zweck mußten die Platten zunächst allseitig besäumt (ca. 3 cm) und dann an ihren Oberflächen zwecks Erzielung einer geschlossenen, festen Plattenoberfläche abgeschliffen werden. Die Platten wurden daraufhin halbiert und jeweils eine Hälfte einer sofortigen Festigkeitsprüfung, d. h. im noch durchfeuchteten Zustand unterzogen. Die andere Hälfte wurde im Normalklima bei 20°C und 65% relativer Luftfeuchtigkeit langsam (zur Vermeidung von Rißbildung) klimatisiert und dann ebenfalls nach Abschliff der Oberflächen auf Festigkeit geprüft. Darüber hinaus wurden aus den ermittelten Plattengewichten und der dazugehörigen Feuchtigkeit die Gewichtsabnahme der Platten durch Spanverlust im Laufe der Bewetterung sowie die Gewichtsabnahme durch Oberflächenabschliff nach Abschluß der Bewetterungsdauer ermittelt. Die hierbei festgestellten Daten sind in den Tab. 11–13 zusammen mit den zugehörigen Festigkeitswerten wiedergegeben.
Auf Grund dieser Feststellungen ergibt sich, daß bei den Plattentypen 201–206 analog dem steigenden Bindemittelgehalt die Endfestigkeiten nach Abschluß der Bewetterungsdauer höher liegen. Dies gilt sowohl für die Biegefestigkeit als auch für die Querzugfestigkeit. Auffallend sind die hohen Endfestigkeiten bei den mit Hydrophobierungsmitteln hergestellten Plattentypen 203 und 205; die im klimatisierten Zustand ermit-

Tab. 13 Eigenschaftswerte von industriell hergestellten Holzspanplatten vor und nach 2 ¼ jähriger Freiland-Bewetterung

Plattenzustand	Eigenschaften		Plattentyp (Hersteller)*				
			I	II	III	IV	V
Im Anlieferungs-zustand klimatisiert	Plattendicke	(mm)	19,3	22,7	19,2	19,2	19,1
	Plattenrohdichte	(g/cm³)	0,62	0,69	0,65	0,65	0,66
	Feuchtigkeitsgehalt	(%)	8,0	7,9	8,2	8,1	8,0
	Biegefestigkeit	(kp/cm²)	250	325	180	150	135
	Querzugfestigkeit	(kp/cm²)	5,0	5,3	5,2	3,0	5,7
Nach Bewetterung, feucht, Oberflächen geschliffen	Plattendicke	(mm)	18,1	23,2	17,5	17,7	17,7
	Feuchtigkeitsgehalt	(%)	13,1	17,6	14,3	12,6	12,2
	Biegefestigkeit	(kp/cm²)	134	138	69	62	107
	Querzugfestigkeit	(kp/cm²)	4,2	4,1	1,9	2,0	5,0
Nach Bewetterung klimatisiert, Oberflächen geschliffen**	Plattendicke	(mm)	18,1	22,4	16,1	16,8	16,8
	Plattenrohdichte	(g/cm³)	0,58	0,65	0,56	0,61	0,65
	Feuchtigkeitsgehalt	(%)	8,5	8,3	8,6	8,0	8,2
	Biegefestigkeit	(kp/cm²)	171	211	79	76	113
	Querzugfestigkeit	(kp/cm²)	4,8	4,5	3,8	2,4	5,3
Bei Bewetterung	Gewichtsabnahme durch Spanverlust	(%)	3,6	2,5	13,8	5,0	4,7
Nach Bewetterung	Gewichtsabnahme durch Oberflächenschliff**	(%)	12,0	12,0	27,0	19,0	16,0
Nach Bewetterung	Gesamt-Gewichtsabnahme	(%)	15,6	14,5	40,8	24,0	20,7

* Plattentyp Hersteller II: mit Phenol-Formaldehyd–Kunstharz-Bindemittel; Plattentypen der Hersteller I, III bis V mit Harnstoff–Formaldehyd–Kunstharz-Bindemittel.

** Zur Erzielung geschlossener, fester Oberflächen notwendiger Abschliff für die Prüfungen (vgl. Text).

telten Festigkeitswerte nach 3jähriger Bewetterung liegen nur 10% tiefer als die Ausgangswerte. Dieses überraschende Ergebnis deutet darauf hin, daß bei langfristigen Versuchen mit wechselnden Einflüssen verschieden hoher Luftfeuchtigkeiten die hydrophobierende Wirkung durchaus einen beachtlichen Einfluß auf die Qualität der Platte ausübt.
Aus der vergleichenden Prüfung der Festigkeiten bei verschiedenen Bindemitteltypen (Tab. 12) geht hervor, daß die Verwendung von Phenol-Harzen gegenüber den beiden anderen Bindemitteltypen eindeutige Vorteile bringt. Die Festigkeitswerte nach 2jähriger Bewetterung bleiben im klimatisierten Zustand annähernd gleich. Da diese Plattentypen keine Gewichtsabnahme durch Spanverlust während der Bewetterungsdauer erleiden und auch nach Abschluß der Versuchsdauer nur einen relativ geringen Oberflächenabschliff erforderten (s. o.), ergibt sich hierdurch die Überlegenheit dieses Bindemitteltyps gegenüber den beiden anderen. Es sei jedoch darauf hingewiesen, daß bei diesen Versuchsplatten mit der niedrigeren Rohdichte von 0,48 g/cm^3 von Natur aus mit niedrigeren Quell- und Schwundbewegungen zu rechnen ist (vgl. Abschnitt 3.2). Hieraus ist eine gute Eignung derartiger Platten für stärkere klimatische Beanspruchung zu erkennen. Bezüglich der Verhältnisse bei mittelschweren Spanplatten sei auf die bereits vorhandene Literatur hingewiesen [3, 18, 19, 23, 26].
Vergleicht man nun damit die Ergebnisse, die an industriell hergestellten Platten unter gleichartigen Prüfbedingungen bei der klimatischen Beanspruchung gewonnen wurden, so ergibt sich, daß alle untersuchten Harnstoff-Formaldehyd-Kunstharz verleimten Platten unzureichende Endfestigkeiten aufweisen, wie Tab. 13 zeigt. Lediglich der mit Phenol-Formaldehyd-Kunstharz verleimte Plattentyp zeigt für die Querzugfestigkeit zufriedenstellende Werte; auch die Werte für die Endbiegefestigkeit im klimatisierten Zustand weisen darauf hin, daß auch hier die Phenol-Formaldehyd-Kunstharzverleimung eine wesentlich verbesserte Widerstandsfähigkeit gegen erhöhte Feuchtigkeitseinwirkung besitzt.

4.3 Feststellungen über die Ausgleichgeschwindigkeit von Feuchtigkeit und Dickenquellung hochbindemittelhaltiger Spanplatten in Abhängigkeit von unterschiedlicher Klima-Einwirkung

Es war zu prüfen, wie weit und in welchem Ausmaß hochbindemittelhaltige Platten durch unterschiedliche Klimabedingungen hinsichtlich Dicken- und Feuchtigkeitsänderungen reagieren. Die dabei gewonnenen Erkenntnisse sollen dazu dienen, für spätere Untersuchungen bei künstlicher Klimabeeinflussung hinreichend genaue Unterlagen über die anzuwendende Prüfmethodik zu bekommen. Es handelt sich in erster Linie darum, exakte Aussagen über die Höhe von Maxima und Minima der Plattenfeuchtigkeit und Dickenquellung bei bestimmten Bewitterungsverhältnissen machen zu können. Die sich hieraus ergebenden Zyklen können zeitlich gerafft, jedoch stets bis zur jeweiligen Angleichung der Plattenzustände an das Umgebungsklima, für eine Prüfmethode mit künstlichen Klima-Beaufschlagungen angewendet werden.
Die dazu notwendigen Versuche wurden an Proben von 10×10 cm Kantenlänge der Plattentypen 201–206 durchgeführt (vgl. Abb. 7).
Die Proben wurden ungeschützt, mit einer Oberfläche nach Westen weisend, freihängend am Wetterstand befestigt. Die jeweilige Zustandsänderung von Feuchtigkeit und Dickenquellung wurde während dreier charakteristischer Meßperioden (Sommer, Herbst, Winter) durch tägliche Registrierung von Gewicht und Dicke gemessen. Die Dickenmessung erfolgte dabei lediglich im Plattenmittelpunkt, da, wie aus früheren

Untersuchungen [26] hervorgeht, bei Proben von 10×10 cm Kantenlänge der Einfluß der Kanten und Oberflächen hinsichtlich der Feuchtigkeitseinwirkungen des Klimas als ausgewogen angesehen werden kann. In Abb. 7 sind die jeweiligen Änderungswerte von Dickenquellung und Feuchtigkeit über den Wetterablauf (Temperatur, relative Luftfeuchtigkeit, Niederschlagsmengen) aufgetragen. Im Feuchtigkeitsverhalten liegen bei den nicht hydrophobierten Platten mit unterschiedlichem Bindemittelgehalt bei mittleren Wetterverläufen die Feuchtigkeitswerte nahe beieinander. Nur bei rasch wechselnden und extremen Wetterbedingungen zeigen sich ausgeprägte Unterschiede zwischen den einzelnen Plattentypen. Die Hydrophobierung (s. 4.2) wirkt stark bremsend auf die Feuchtigkeitsänderungen der Platten. Bei der Dickenquellung sind deutliche Unterschiede, gestaffelt nach Bindemittelgehalten, speziell in den Bewetterungsperioden II und III (Herbst und Winter) erkennbar. Hierbei ist auffällig, daß die Dickenänderungen verhältnismäßig träge reagieren, wobei speziell zu berücksichtigen ist, daß bei Feuchtigkeiten bis zu 28% die Dickenquellung stärker auf jede Feuchtigkeitsänderung anspricht als oberhalb von 28% (Fasersättigungsbereich). Hier sind lediglich noch gewisse leichte Schwankungen entsprechend dem Wetterablauf festzustellen. Auch die Dickenquellung der hydrophobierten Platten liegt bei diesen Versuchen weit unter derjenigen von nicht hydrophobierten Platten. Damit bestätigt sich wiederum die Notwendigkeit einer Hydrophobierung auch von hochbindemittelhaltigen Platten.

Für die großzügige Überlassung einer Reihe von Kunstharzen und Bindemitteltypen etc. sei den Firmen Bakelite GmbH, Letmathe; BASF, Ludwigshafen; Ciba AG, Wehr (Baden); Farbenfabriken Bayer AG, Leverkusen; Farbwerke Hoechst AG; Verkaufsvereinigung für Teererzeugnisse AG (VfT), Essen; G. Oest & Cie, Freudenstadt, gedankt.

5. Zusammenfassung

1. Die Entwicklung der Spanplatte erstreckte sich ursprünglich speziell auf die Herstellung und Verwendung mittelschwerer Platten mit Bindemittelgehalten von 7–10% für den Möbelbau. Der steile Anstieg der Spanplattenproduktion führte dann im Laufe der letzten Jahre zu einer Ausweitung der Anwendungsgebiete außerhalb des Möbelbaues. Diese außerordentlich rasche Entwicklung führte im Zusammenhang mit der zunehmenden Preiswürdigkeit von Kunstharzen und Bindemitteln der verschiedensten Art zu der Möglichkeit, neue Holzspanwerkstoffe mit wesentlich höherem als dem bisher üblichen Bindemittelgehalt herzustellen.

Auf diese Weise kann Holz in Form der Plattenwerkstoffe in Verbindung mit weiteren Kunstharzen bzw. -stoffen einer verhältnismäßig hochwertigen Verwendung zugeführt werden. Derartige Werkstoffe können den Forderungen nach erhöhter Beständigkeit gegen mannigfache Beanspruchungen, wie höhere Festigkeit und Widerstandsfähigkeit gegen klimatische Wechselwirkungen, nachkommen.

2. Im Hinblick auf diese sich hierdurch ergebende Aufgabe wurden zwei verschiedene Verfahrenswege beschritten und versuchsmäßig bearbeitet. 1) Erhöhung des Kunstharzgehaltes durch Tränken bzw. Imprägnieren von Holzspänen bzw. von fertigen Spanplatten; 2) Herstellung von Platten mit erhöhtem Bindemittelgehalt.

Die dazu notwendigen verfahrenstechnischen Besonderheiten wurden labormäßig erarbeitet. Als Versuchsmaterial dienten dünne flächige Kiefern- bzw. Buchenholzspäne, die zu einschichtigen Platten unter gleichartigen Fertigungsbedingungen im Labormaßstab hergestellt wurden.

3. Im einzelnen wurde die Wirkungsweise des Aufsprühens von Kunstharzen auf die Späne vor der Beleimung, die Tauchtränkung von Spänen in Kunstharzlösungen bzw. die Vakuumimprägnierung von Spänen in Kunstharzlösung ebenfalls vor der Beleimung untersucht.

Dazu wurden verschiedene Kunstharze in wäßriger Lösung und in organischen Lösungsmitteln verwendet. Die Gesamt-Kunstharzgehalte der imprägnierten Platten bewegten sich dann zwischen 9 und 22%. Die experimentelle Bearbeitung und die dazugehörige Auswertung führten zu Platten mit wesentlich verbesserten Eigenschaften:

Hervortretend sind neben den erhöhten Festigkeitswerten vor allem günstige hygroskopische Kennzahlen. Im Hinblick auf den vergrößerten technischen Aufwand werden jedoch zur Klärung der wirtschaftlichen Durchführbarkeit noch weitere Untersuchungen notwendig sein.

4. Die Imprägnierung fertiger einschichtiger Spanplatten mit geeigneten Kunstharzlösungen führte ebenfalls zu einer beachtlichen Vergütung der Platten. Bei der angewendeten Verfahrenstechnik kann zwischen einer Teil- und einer Vollimprägnierung unterschieden werden. Für diese Verfahrenstechnik eignen sich sowohl Platten mit normaler Rohdichte (Rohdichtebereich um 0,60 g/cm^3) als auch Platten mit niedrigerer Rohdichte, bei denen sich die Durchtränkung auf Grund des größeren Porenvolumens günstiger auswirkt. In den vorliegenden Untersuchungen wurden günstige Ergebnisse mit Spanplatten aus Buchenholz mit einer Plattenrohdichte von 0,55 g/cm^3 sowohl bei Tauch- als auch bei Vakuumtränkung unter Verwendung von Imprägnierung auf Phenolharz-Basis erzielt. Ferner wurde der Einfluß der verschiedenen Lösungsmittel auf den Vergütungseffekt hinsichtlich Gleichmäßigkeit über den Plattenquerschnitt unter Einschluß der Lösungsmittelrückgewinnung und der Aushärtung der Tränkharze untersucht. Es konnte nachgewiesen werden, daß eine ausreichende Vergütung der Platten erst oberhalb von 6% zusätzlich eingelagerten Kunstharzes auftritt, wobei die Gleichmäßigkeit der Verteilung über den Plattenquerschnitt eine wesentliche Voraussetzung ist. Da je nach Lösungsmittelart eine Differenzierung in der Harzkonzentration über den Plattenquerschnitt eintritt – die äußeren Plattenzonen weisen ca. die doppelte Konzentration wie die mittlere Plattenzone auf – wäre eine Anwendung von Tränkharzen auf Zweikomponentenbasis bzw. Fixierung des Tränkharzes vor der Lösungsmittelausdampfung evtl. günstiger. Im übrigen sei auf 3. verwiesen.

5. Beim zweiten Verfahrensweg zur Herstellung hochkunstharzhaltiger Spanplatten auf dem Weg über die Erhöhung des Bindemittelgehaltes wurden im Laboratoriumsmaßstab einschichtige Platten mit rd. 11–18% Kunstharzgehalt unter Verwendung von Harnstoff-, Harnstoff-Melamin-Mischkondensat und Phenol-Formaldehyd-Kunstharz hergestellt. In die Untersuchung wurden Platten mittlerer Rohdichte mit Dicken von 20 bis 24 mm sowie solche mit geringerer Rohdichte und größerer Dicke einbezogen. Bei diesen Platten wurden die Festigkeitseigenschaften und auch ihr hygroskopisches Verhalten bei mehrjähriger Außenbewetterung untersucht. Nach Abschluß der Außenbewetterung wurde wiederum die Festigkeit geprüft und Feststellungen über die Beschaffenheit hinsichtlich Oberfläche und Spanverlust getroffen. Bei Anwendung von Harnstoff-Melamin-Mischkondensaten und besonders von Phenol-Formaldehyd-Kunstharzen konnte eine Verbesserung der Platteneigenschaften erzielt werden.

6. Die Untersuchungen erstreckten sich auch auf die Wirkungsweise von gleichzeitig eingebrachten Hydrophobierungsmitteln bei hochbindemittelhaltigen Platten. Aus den Untersuchungen läßt sich ableiten, daß mit steigendem Bindemittelgehalt eine zunehmende Festigkeitssteigerung und Plattenvergütung hinsichtlich des hygroskopischen Verhaltens bei langfristiger Außenbewetterung eintritt. Durch diese langfristige Bewetterung der Platten konnte darüber hinaus nachgewiesen werden, daß die Anwendung von Hydrophobierungsmitteln für diese Plattentypen mit höherem Bindemittelgehalt von wesentlichem Vorteil ist.

7. Im Hinblick auf die noch zu erarbeitende Prüfmethodik für spezielle Plattentypen, die es ermöglichen soll, sichere Aussagen mittels Kurzprüfungen machen zu können, wurden Feststellungen über die Angleichgeschwindigkeit von Feuchtigkeit und Dickenquellung der hochbindemittelhaltigen Platten in Abhängigkeit unterschiedlicher klimatischer Einwirkungen getroffen. Hierbei wurde festgestellt, daß langfristige, gleichartige Wetterphasen durch Abkürzungen im künstlichen Klimaversuch gerafft werden können, ohne die effektive Aussagekraft zu beeinträchtigen.

8. Somit haben die Versuche gezeigt, daß die beschrittenen Verfahrenswege zur Herstellung kochkunstharzhaltiger Platten zu beachtlichen Verbesserungen der Platteneigenschaften im Hinblick auf den Einsatz in besonderen Anwendungsgebieten geführt haben.

Wenn auch unter den derzeitigen Verhältnissen die Wirtschaftlichkeit nicht in allen Fällen als befriedigend angesehen werden kann, so weisen die erzielten Ergebnisse über grundlegende Eigenschaften der Platten und die verfahrenstechnischen Möglichkeiten doch darauf hin, daß damit eine tragfähige Basis geschaffen worden ist, um durch Weiterentwicklung den erreichten Veredlungsgrad mit den wirtschaftlichen Erfordernissen in Einklang zu bringen.

6. Abbildungen

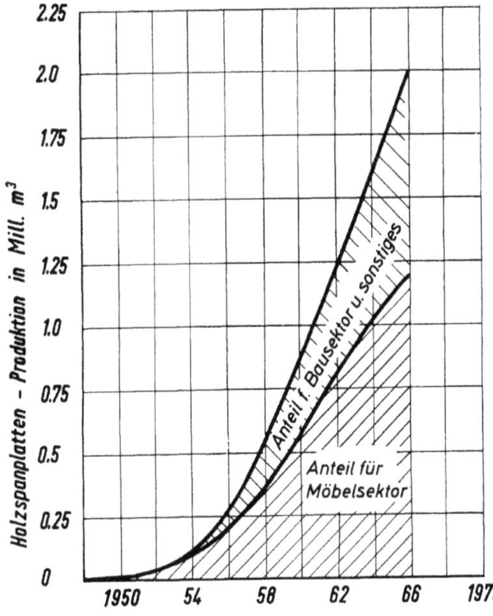

Abb. 1
Entwicklung der Holzspanplatten-Produktion 1950–1966 aufgeschlüsselt nach Produktionsanteilen für Möbelsektor sowie Bausektor und sonstiges

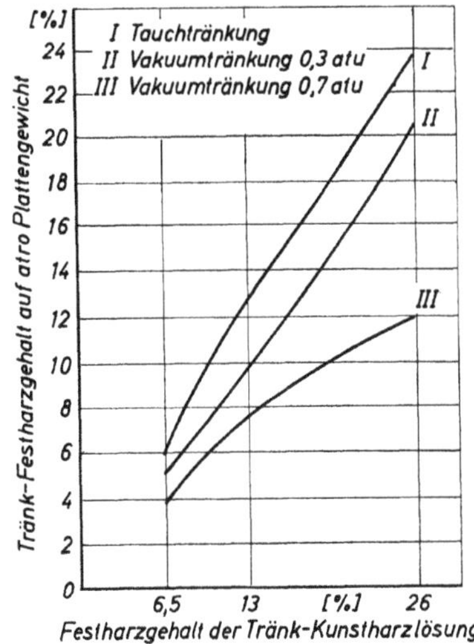

Abb. 2
Tränkharzaufnahme (Festharzgehalt) in Abhängigkeit vom Festharzgehalt der Imprägnierlösung bei Tauchtränkung und Vakuumtränkung (0,3 und 0,7 atu) einschichtiger Labor-Spanplatten aus Kiefernholz (Plattenrohdichte 0,55 g/cm³, Harnstoffharz-Bindemittelgehalt 9%, Plattendicke 16 mm)

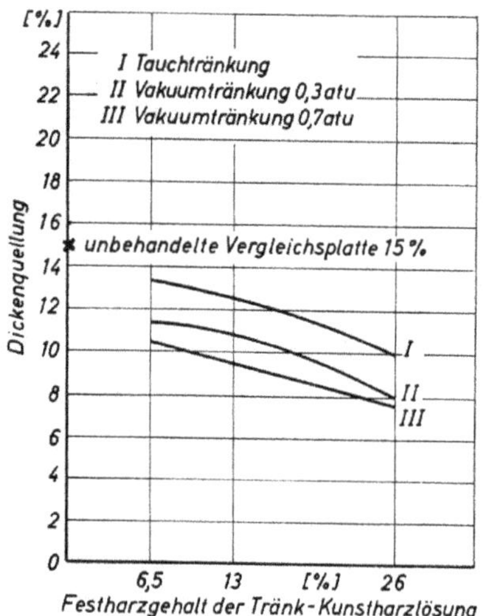

Abb. 3 Dickenquellung von einschichtigen Labor-Spanplatten nach 24stündiger Wasserlagerung in Abhängigkeit vom Festharzgehalt der Imprägnierlösung bei Tauchtränkung und Vakuumtränkung (0,3 und 0,7 atu)
(Kenndaten der Spanplatten vgl. Abb. 2)

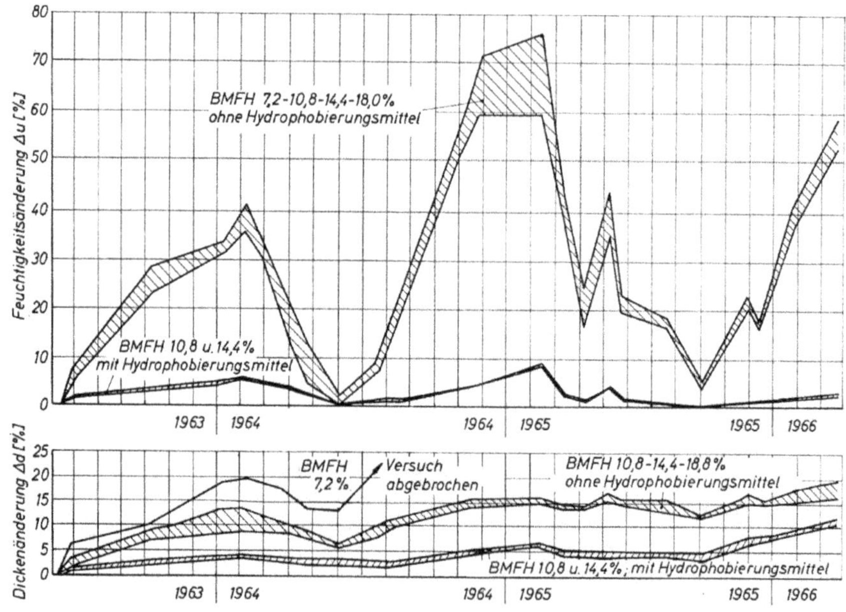

Abb. 4 Hygroskopische Eigenschaften von hochbindemittelhaltigen einschichtigen Labor-Spanplatten aus Kiefernholz (7,2–18,0% Harnstoff–Formaldehyd–Kunstharz-Bindemittelgehalt, Plattentypen 201–206; r_u = 0,62 g/cm^3; d = 24 mm) während 3jähriger Freilandbewetterung (Feuchtigkeits- und Dickenänderung bezogen auf klimatisierten Zustand)

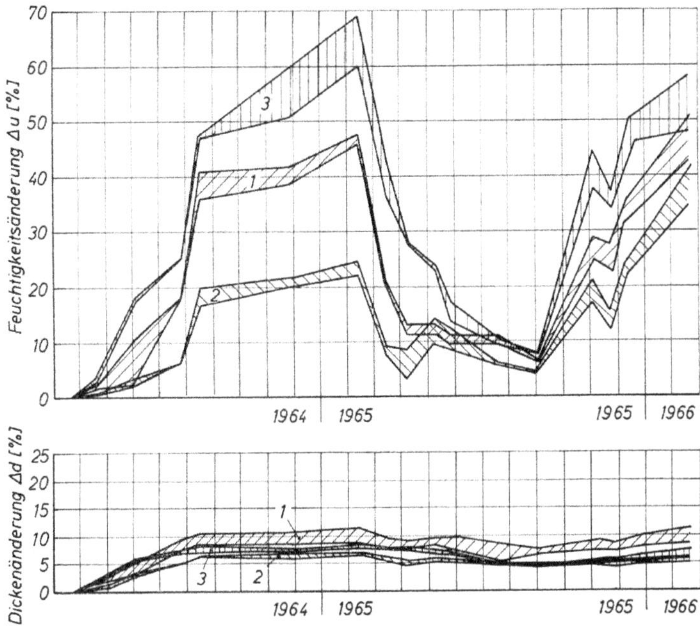

Abb. 5 Hygroskopische Eigenschaften von hochbindemittelhaltigen einschichtigen Labor-Spanplatten aus Kiefernholz (r_u = 0,48 g/cm³; d = 34 mm) während 2jähriger Freilandbewetterung

Vergleich dreier Bindemitteltypen: Harnstoffharz (1), Melamin-Harnstoffmischkondensat (2), Phenolharz (3) (Bindemittelgehalte: 10,8 und 14,4%, in Abbildung als Bereich schraffiert dargestellt)

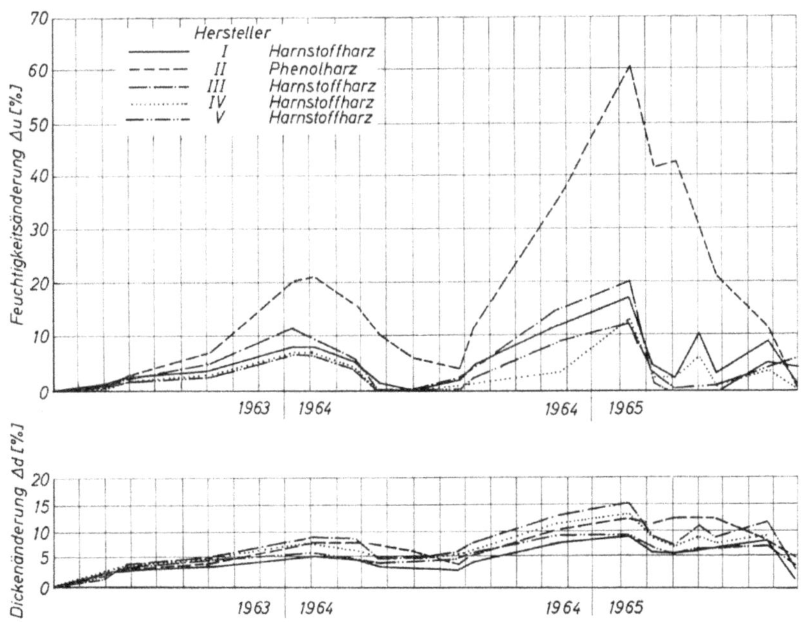

Abb. 6 Hygroskopische Eigenschaften von mittelschweren Industriespanplatten fünf verschiedener Hersteller (vgl. Tab. 13) während 2¼jähriger Freilandbewetterung (Feuchtigkeits- und Dickenänderung bezogen auf klimatisierten Zustand)

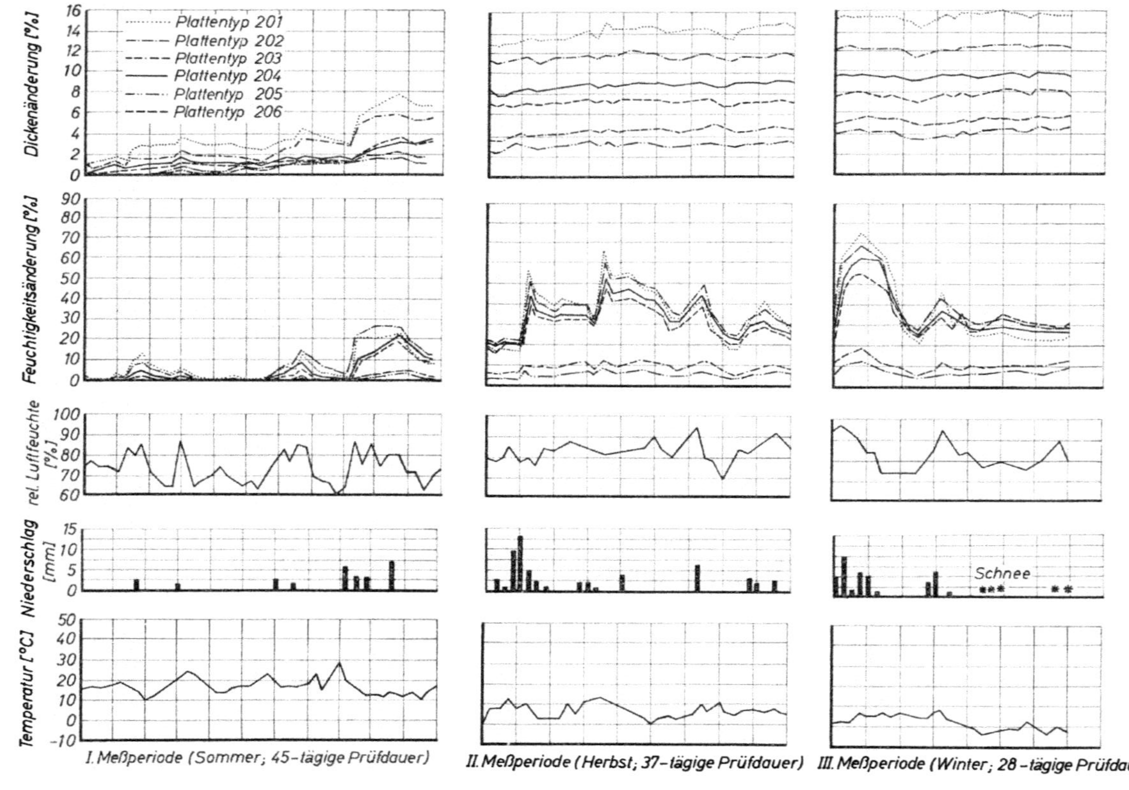

Abb. 7 Hygroskopische Eigenschaften hochbindemittelhaltiger einschichtiger Labor-Spanplatten aus Kiefernholz (7,2–18,0% Harnstoff–Formaldehyd–Kunstharz-Bindemittel, Plattentypen 201 bis 206; $r_u = 0{,}62$ g/cm³; $d = 24$ mm) Quell- und Schwundbewegungen während dreier typischer Meßperioden (fortlaufend) (Feuchtigkeits- und Dickenänderung bezogen auf klimatisierten Zustand)

7. Literaturverzeichnis

[1] Buschbeck, E., und E. Kehr, Untersuchungen über die Eignung von Kunstharzbindemitteln verschiedener Rohstoffbasis zur Herstellung von Holzspanplatten. Holztechnologie **1** (1960), 29–38.

[2] Deppe, H.-J., Phenolharzverleimte Spanplatten, Eigenschaften und Einsatzmöglichkeiten. Holz-Zbl. **89** (1963), 12, Beil. »Moderne Holzverarb.« Nr. 9, 61–63.

[3] Clad, W., und Ch. Schmidt-Hellerau, Gegenüberstellung der Amino- und Phenoplaste bei der Freibewitterung von Spanplatten. Holz-Zbl. **91** (1965), 44/45, Beil. »Moderne Holzverarb.« Nr. 66, 349–352.

[4] Eisner, K., Spanplatten für spezielle Verwendungszwecke. Holztechnologie **3** (1962), 122–129.

[5] Kehr, E., Vergleichende Untersuchungen über die Eignung eines Xylenol- und eines Kresol-Formaldehydharzes zur Herstellung von Holzspanplatten. Holztechnologie **4** (1963), 105–112.

[6] Klauditz, † W., Berichte und Vorträge der Holztagung des Vereins für technische Holzfragen e.V., Braunschweig 1951, 67–102.

[7] Klauditz, W., H. J. Ulbricht und W. Kratz, Über die Herstellung und Eigenschaften leichter Holzspanplatten. Holz als Roh- u. Werkstoff **16** (1958), 12, 459–466.

[8] Klauditz, W., G. Stegmann und W. Kratz, Untersuchungen über die Herstellbarkeit und Eigenschaften einfacher Holzspanformteile insbesondere für den Möbelbau. Forschungsber. d. Landes Nordrhein-Westf. Nr. 1472, Westdeutscher Verlag, Köln und Opladen 1965.

[9] Klauditz, W., Untersuchungen über die Eignung von verschiedenen Holzarten, insbesondere von Rotbuchenholz zur Herstellung von Holzspanplatten. Bericht des Instituts für Holzforschung Nr. 25/52, 8 (1952).

[10] Klauditz, W., Zehn Jahre Tätigkeit und Forschung 1946–1956. Bericht des Instituts für Holzforschung Nr. 52/57, 10, Braunschweig 1957.

[11] Klauditz, W., Zur Entwicklung und zum Stande der Holzspanplattenherstellung 1955 bis 1961. Holz als Roh- u. Werkstoff **20** (1962), 1, 1–12.

[12] Klauditz, W., Zur Kenntnis der Druckverleimung von Holzspänen zu Holzspanplatten in beheizten hydraulischen Etagenpressen. – Beschleunigung der Verleimungsvorgänge durch Einstellung zweckmäßiger Feuchtigkeitsgehalte des beleimten Spangutes und durch Erhöhung der Temperatur bei der Verleimung. Bericht des Instituts für Holzforschung Nr. 45/55 (1955).

[13] Klauditz, W., und H. J. Ulbricht, Weitere Untersuchungen zur Beschleunigung der Verleimung von Holzspänen zu Holzspanplatten in beheizten hydraulischen Pressen. Sitzungsbericht der DGfH Nr. 2/56, 13–19, Stuttgart 1956.

[14] Kollmann, F., Technologie des Holzes und der Holzwerkstoffe. Band I, 10. Springer, Berlin-Göttingen-Heidelberg 1951.

[15] Kratz, W., Untersuchungen über die hygroskopischen Eigenschaften von Holzspanplatten, Quellung und Herabsetzung der Quellung bei Holzspanplatten. Sitzungsbericht der DGfH Nr. 2/55, 14–15, Stuttgart 1955.

[16] Meinecke, E., Über die physikalischen und technischen Vorgänge bei der Beleimung und Verleimung von Holzspänen bei der Herstellung von Holzspanplatten. Forschungsber. d. Landes Nordrhein-Westf. Nr. 1053, Westdeutscher Verlag, Köln und Opladen 1962.

[17] Murray, C., Efficiency of Urea- and Phenol-Formaldehyde in Particleboard. Forest Prod. J. **13** (1963), 3, 113–120.

[18] Neusser, H., U. Krames und K. Haidinger, Das Verhalten von Spanplatten gegenüber Feuchtigkeit unter besonderer Berücksichtigung der Quellung I. und II. Holzforsch. u. Holzverwert. **17** (1965), 3, 37–43; 4, 57–69.

[19] Oberlein, A., Verleimungsarten, Anwendung und Eigenschaften bei den Spanplatten. Sitzungsbericht der DGfH Nr. 2/65, 22–29, München 1965.

[20] Plath, E., Sperrholz und Spanplatten im Bauwesen. Die technische Tagung des Forschungsinstitut für Holzwerkstoffe und Holzleime. Holz-Zbl. **90** (1964), 100, 1625–1627.

[21] Plath, E., Beständigkeit von Holzleimen und geleimten Holzverbindungen. Holz-Zbl. **91** (1965), 71/72, 1197.

[22] Rackwitz, G., Ein Beitrag zur Kenntnis der Vorgänge bei der Verleimung von Holzspänen zu Holzspanplatten in beheizten hydraulischen Pressen. Diss., TH Braunschweig 1955.

[23] Schmidt-Hellerau, Ch., Gegenüberstellung der Amino- und Phenoplaste als Bindemittel für Spanplatten. Holz-Zbl. **87** (1961), 33, 521–523.

[24] Schutte, W., Kritische Anwendungsbereiche der Spanplatten im Bauwesen. Sitzungsbericht der DGfH Nr. 2/65, 29–38, München 1965.

[25] Stegmann, G., Wirtschaftliche Entwicklung der Spanplattenherstellung. Holz-Zbl. **91** (1965), 79, Beil. »Moderne Holzverarb.« Nr. 72, 373–376.

[26] Stegmann, G., und W. Kratz, Untersuchungen zur Erhöhung der Widerstandsfähigkeit von Spanplatten gegen Feuchtigkeits- und Witterungseinflüsse. Sitzungsbericht der DGfH Nr. 2/65, 39–56, München 1965. Bericht des Wilhelm-Klauditz-Institut für Holzforschung Nr. 99 (1966).

[27] Stemsrud, F., Eine orientierende Untersuchung wie die norwegische Birke sich als Rohstoff für Holzspanplatten zur Möbelherstellung eignet. Norsk Skogindustri **9** (1955), 11, 417–429.

[28] Unveröffentlichte Untersuchungen des Instituts für Holzforschung, Braunschweig, aus den Jahren 1958/59.

GPSR Compliance
The European Union's (EU) General Product Safety Regulation (GPSR) is a set of rules that requires consumer products to be safe and our obligations to ensure this.

If you have any concerns about our products, you can contact us on

ProductSafety@springernature.com

In case Publisher is established outside the EU, the EU authorized representative is:

Springer Nature Customer Service Center GmbH
Europaplatz 3
69115 Heidelberg, Germany

www.ingramcontent.com/pod-product-compliance
Ingram Content Group UK Ltd.
Pitfield, Milton Keynes, MK11 3LW, UK
UKHW061658190726
13853UKWH00008B/2275
9783663065555